New Cognition of Traffic Safety

Thinking of a Traffic Maker

交通安全新认知

一个交通创客的思考

刘干 著

内 容 提 要

本书为南京赛康交通安全科技股份有限公司董事长兼总经理刘干先生所作，汇总了其多年来对交通安全问题的理论观点、对交通安全行业的剖析设想，以及对企业创新经营管理的心得体会，本书文笔生动，通俗易懂，以期与同行业者广泛交流。

本书可供路政、交警等交通和公安部门的工作人员和大专院校的学生参考学习，也可供企业经营管理人员品味借鉴。

图书在版编目（CIP）数据

交通安全新认知 ：一个交通创客的思考 / 刘干著
. — 北京 ：人民交通出版社股份有限公司，2016. 11
ISBN 978-7-114-13431-9

Ⅰ. ①交… Ⅱ. ①刘… Ⅲ. ①交通运输安全—研究
Ⅳ. ①X951

中国版本图书馆 CIP 数据核字（2016）第 255576 号

书　　名：交通安全新认知——一个交通创客的思考
著 作 者：刘　干
责任编辑：孙　玺　李　晴
出版发行：人民交通出版社股份有限公司
地　　址：（100011）北京市朝阳区安定门外外馆斜街 3 号
网　　址：http://www.ccpress.com.cn
销售电话：（010）59757973
总 经 销：人民交通出版社股份有限公司发行部
经　　销：各地新华书店
印　　刷：中国电影出版社印刷厂
开　　本：720 × 960　1/16
印　　张：18.75
字　　数：283 千
版　　次：2016 年 11 月　第 1 版
印　　次：2016 年 11 月　第 1 次印刷
书　　号：ISBN 978-7-114-13431-9
定　　价：68.00 元

不学习不行

应邀作序，接任务时倍感荣幸。当看到书名时顿时傻了眼，《交通安全新认知——一个交通创客的思考》？“创客”？什么是“创客”呀？

面对这类事情我很清楚，绝不能望文生义，必须把“创客”的意思弄清楚。于是，就请教万能的互联网，我很快便从网络上找到了关于“创客”一词的解释（注）。当了解到“创客”一词是不折不扣的英语文化入侵的结果时，便对这个词产生了“敌意”。这是后话，暂且按下不表。

生活中不是第一次遇到此类事情了，经常望着由汉字构成的“汉语”单词，就是不解其意，更不用说那些网络热词了。这都怪不得别人，只说明了一件事——不学习不行。

说起来刘干邀请我为其大作作序一定是有缘由的，其缘由应该是那段经历。

二〇一五年九月初，我应邀前往德国参加中德间的交通安全学术交流。那一次，和刘干一路同行，和刘干认识不是从那一次开始，但对他的认识又的的确确是从那一次旅行开始的。

用他自己的话讲，他只是很浅薄地接受了初中学历教育，在许多方面，不如那些科班学历出身的学者、官员，甚至是企业家，在接人待物方面，他不拘小节的性格有时候也给他帮了倒忙。而在我看来，即便如此，一个人能把企业做到如此规模、能用自己的后期自学和努力撰写出如此学术著作，一定有着他的道理，也着实令人肃然起敬。

记得我们在科隆考察时，曾经一同在入住的酒店附近调研交通设施、一起拍照、一起讨论。回国后不久，就在我们为德国的人性化交通组织感叹时，我读到了他撰写的文章《“人的城”：德国城市的慢行交通》。这件事既说明了刘干的灵动和勤奋，又极好地诠释了他那些成就的来源。

这件事也让我感觉到不学习不行。

从职业特点来说，学者除了具有足够的批判精神之外，还有一个重要的素质，那就是发现问题的能力。所谓专家，不过是比旁人更容易发现某个专业领域的问题罢了。从《交通安全新认知——一个交通创客的思考》一书，人们很容易发现书中收录的文章涉及交通及企业在管理创新的多个方面，而并非仅仅局限于某一特定领域。这说明作者非常灵动，并且具有宽阔的专业领域视野。从观察和发现问题来讲，本书的作者极具专业水准。坦率地说，这些宝贵的素质并非人人都具备、并非人人都那么突出的。

本书融合了作者多年来的思考和实践结果，让人看到了刘干多年来坚持笔耕不辍的勤奋和成就。仅仅就这种精神，实在让人感佩。我猜测不是人人都毫无保留地赞同作者的所有观点。但是，那又有什么关系呢？书中许多大胆的思考证明了作者的存在与集思广益，同时也给人以启发，这就足够了。

从文体来看，本书的许多文章也突破了多数技术类文章的文体，结合了随笔感悟、实地调研，甚至是游记类写作风格，用通俗易懂的文字阐述思想和技术，反映出作者的写作功底。这样的表现形式，极大地提升了文章及全书的可读性，从而使更多的读者受益。

我希望自己也能像本书作者刘干那样，记录下自己的所思所想，分享给更多的人。为此，不学习不行。是为序。

(注)必应网典对“创客”一词的解释如下:

创客(Maker),“创”指创造,“客”指从事某种活动的人,“创客”本指勇于创新,努力将自己的创意变为现实的人。这个词译自英文单词“Maker”,源于美国麻省理工学院微观装配实验室的实验课题,此课题以创新为理念,以客户为中心,以个人设计、个人制造为核心内容,参与实验课题的学生即“创客”。在中国,“创客”与“大众创业,万众创新”联系在了一起,特指具有创新理念、自主创业的人。2015 年 12 月,《咬文嚼字》杂志发布 2015 年度“十大流行语”,创客排第五。

关宏志

北京工业大学教授

教育部交通工程教学指导分委员会秘书长

2016 年 7 月

一个交通安全创客的思考

我认识的我

作为一个企业家，我是从一穷二白创业过来的，我的一穷二白的创业标准是：穷困没有财力，一白是指自己当时是一个白丁，二白是指亲朋圈子里的人也都是白丁。在那样一种状况下，依靠自己的后天勤奋和学习，去创业去改变命运。当然，因为先天的学历缺乏，我坚持边实践边读书，从工作中积累经验、从书本中汲取知识，是必不可少的。创业十五年，我坚持在道路交通安全领域做产品开发和学术研究。

作为一个交通人，因为穷过，我是从骑自行车到开小轿车亲身体验过来的交通参与者。当年我在乡下是背着两百斤的蔬菜骑自行车奔波在乡间小道，凌晨两三点去卖菜。我是十四岁初中毕业，一直卖菜卖到二十周岁才去当兵。当兵在青藏高原的格尔木市，是奔波于青藏线的汽车兵，当时部队的装备是老式解放牌卡车，驰骋在冰天雪地。当兵回来之后我去了上海打工，开了半年的老式 212 货车，在吃不消小事故赔偿比工资高的情况下，我又重新找了一份新的交通运输工作——踩三轮车。我在上海踩了半年多的三轮车，从五角场踩到莘庄、宝山，在满上海的大街上卖力气，为一家户外广告材料店送货。踩完三轮车之后过了几年，我创业时有了第一部面包车，就是长安面包车。2002 年我开着长安面包车在上海张扬路上被一辆闯红灯的出租车拦腰撞击，车子空中翻筋斗四脚朝天甩到几十米外，幸好一家三口都系着安全带，平安地从车子里爬了出来。之后我换的是国产轿车，再之后换日本轿车，现在我开的是德国轿车了。这一路经历过来，作为一个从事交通行业的交通人，我同时也是从做最基础的交通安全产品起家，从做反光材料的贸易，到开设交通安全设施专卖店倡议“最大化普及交通安全产品”，然后做科技实体去尝试创新改变一个产业。一路下来，从最基础的交通安全知识学习理解起步，积累了大量的丰富的经验，再加上我的业余爱好是读书与写作，认知在不断积累。

我创立的企业

我一直在思考一个企业应该怎么做才能做成百年企业。南京赛康交通安全科技股份有限公司(以下简称赛康交安)是基础性道路交通安全设施行业第一家上新三板的公司，上市的过程克服了很多困难。公司最早是做反光膜与交通安全产品贸易的，后来为了走科技实体这条路，把每年三千多万元的低利润产品贸易销售砍掉不做了。再后来为了培育做大主动发光交通标志项目，又砍掉了每年三千多万元的交通安全设施工程安装业务。制定了三个集中精力做细分市场的量化指标，一个是公司的高新技术产品销售必须占总额销售 70% 以上，第二个是每年要增长 40% 以上，第三个是有持续稳定的现金收入支持创新研发。现在公司专注于新技术的开发与成果应用，就是要做成有高科技含量、高品质信誉的企业。

赛康交安当前在做的是推动交通标志的产业技术升级，说简单点就是让交通标志不再依赖于车辆灯光的照射而被看见，而是主动发光被看见，无论是何时何地、面对什么样的环境和交通参与者。LED 要照亮全球，我们把它引进了交通安全领域。就是这么一个技术的引用、多项技术的集成、核心技术的改进，一旦被广泛引用，可以避免众多的交通事故，可以使很多个人与家庭免受伤害。在这个产业技术的基础上，赛康交安希望成为道路交通安全系统方案的解决者，让我国乃至全世界的交通参与者分享技术创新与管理创新的成果。

我经常出去做演讲、传播全新的交通管理理念。一般来说,好的产品都是会受到欢迎的。但是在这个行业,尽管我们的产品技术能够解决一定数量的交通事故,甚至交警部门也明确验证说确实可以大幅度降低交通事故、减轻伤害,但是就是卖不掉,非常奇怪。我所从事的这个行业是一个非常奇怪的行业,外行打不破,内行不愿破。还有就是表面上人人都希望交通能安全,而交通是否安全又似乎与每个人的直接关系非常小。交通事故的发生或者伤害对于个人是个小概率事件,对于社会而言却又是影响社会安定的大概率因素。我藉希望于海量的传播,通过理念与技术去让每一个人,尤其是交通管理者认知交通事故的危害和解决对策。一家企业一边做经营、一边做学术研究是很难很苦的,难免还会引起专门搞学术研究的人用尖锐的理论反驳。但是对于道路交通安全设施这个行业,我们发现只有把什么都做全做透,才有可能在这个行业里面做得更好。当然,困难的事情做成功了,别人也就难以竞争抗衡了。

近几年日益受到关注的城市交通问题,我也在不断去学习和研究它的本质,与其说是研究,倒不如说是在卖着卖着产品中发现了很多问题。2016 年 4 月 29 日那天我在济南市首届城市交通管理论坛上做了二十分钟《城市交通管理创新之建立人与设施的默契友好》演讲。我在演讲中谈到交通问题的末端,过去大家一直在喊交警是末端,都没有想到其他,其实交通管理的末端是交警和企业。当交警被拥堵、被事故、被问题逼得受不了的时候,第一个电话打到谁的手里?肯定是打到交通安全设施企业,对吧?我较长时间参与了济南市交通安全管理技术方面的研究工作,这次交通管理部门联合企业共同发起的这个论坛,我把它叫作末端“造反”。我这里讲的“造反”不是政治上的,是特指管理创新与技术创新产生的变化颠覆性。社会走到今天,很多都是末端“造反”产生的变革,为什么要把企业联合在一起变革呢?因为大家被城市交通问题逼迫得受不了,所有的问题需要企业去最终落地。

在道路交通安全领域,赛康交安的决心是一定要持之以恒并当仁不让地去做精、做强、做大。交通管理者的意志、交通学术者的研究、交通参与者的安全,需要有抱负的、强大的创新型企业去实现。

我从事的行业

道路交通管理这个领域最“高大上”的是做交通规划设计的人，做交通规划设计的人可以见到一把手二把手领导。交通规划在这个领域是非常超前的，很多交通工程专业的学生大学毕业后就直接去做交通规划。做基础性交通安全设施研究有一个痛苦，就是很难招到一流院校交通工程专业的学生，为什么？因为他们都想去做交通规划设计，大家都觉得交通规划设计更高大上并且有保障，至少在道路建设的快速增长期是这样的。

2016 年 5 月初，公安部交管局下发了公交管〔2016〕230 号文件《关于推进城市道路交通信号灯配时智能化和交通标志标线标准化的通知》，向全国公安交警部门要求，注重交通信号的优化配时与标志标线的组织功能同步改善。同济大学杨晓光教授认为，在城市道路的每一个交叉口，机动车、非机动车和行人都有很多不同的冲突点，在解决这些不同的冲突点的时候都要进行包括交通信号灯和标志标线在内的交通功能组织优化。但是，优化这些功能组织就会触动现有的产业利益链。例如要去更换新型技术的交通标志标线，传统的交通标志标线制造企业会有抵触。交通信号功能组织如果全部重新优化的话，目前在用的信号灯具与控制设备技术无法满足新的需求，更多的智能交通企业也会产生抵触。倘若这次三项排查政策到 2017 年 12 月 31 日能够真正落到实处的话，目前我国传统交通安全设施与智能交通的企业有很多家可能会转型或消失，旧的理念与技术根本满足不了未来交通管理的需求。

中南大学黄合来教授研究认为，在风险防范机制中，环境条件、人的状态、人的不安全行为、物的不安全因素、事故、伤亡，是一系列多米诺骨牌效应，抽掉其中任何一张骨牌，伤害即刻中止。而其中，抽掉物的不安全因素，是最容易快速实现的中止伤害方法。

从管理的角度去看，交通安全包含了人、车、路、环境等异常复杂的因素，任何一个因素缺失就无法保证安全。但是，从伤害的角度去看，道路是人们出行的基础设施，道路上永远存在发生交通事故的风险，在道路上利用附加设施去控制交通事故的发生与伤害，就变得不再复杂、简单易行。

我理解的竞争力

当下很多企业做核心竞争力，是为资本服务的，是围绕着资本的需求转圈圈的。而并不成熟的资本市场关注的是什么呢？让我们看看资本市场投资企业的几个阶段。

第一个阶段，资本市场热衷于有社会关系的企业，联系上权力寻租的关系型企业，可能帮助资本实现一个垄断的市场份额和暴利空间。

第二个阶段，资本市场最爱投资资源型企业，如果企业能够买到一个矿山或者圈到一块土地，无疑能够使得资本实现一本万利。

第三个阶段，资本市场看重自主知识产权成果丰富型企业，排他性的专利技术同样能够满足资本的血性和贪婪。

我的观点，企业的研究成果如果通过专利形式来垄断和固化个体利益，则不利于创新本身的应用价值最大化。任何一项最新的技术，只有能够得到最大化的普及和应用，才能够为社会做出更多的服务。这也应当是科学进步所追求的目标。事实上也没有人能够改变技术最终普及应用这个事实，就像中国的四大发明早已经被全世界所应用。我认为专利技术不应当成为一个企业的核心竞争力。有很多科技学术型创业者，创着创着就失败了。为什么会失败？不排除在技术成果应用方面表现得心胸狭窄，认为把技术成果形成专利就能不让别人与自己形成竞争，是用来垄断的。

第四个阶段，虚拟经济和共享经济成为资本追逐的风向标，把传统的做商贩、开商场经营模式搬到网络上去，脱缰野马般地任意狂奔，去迎合资本的野性。

上面四种都是阶段性的发展方式，不一定能保证企业常青。我所理解的真正核心竞争力，应该是终端用户对企业所提供产品或服务品质的信赖与依赖，做好品质这个核心，并且把这个核心建树为统一的行业典范，这才是企业竞争的王道。

在核心竞争力之外，企业还要把优势之处展示给终端使用者。谁决定一个企业品牌产品的销售量呢？当然是直接掏钱的采购者们。比如，一个商品柜台上，某个用户买商品的时候，如果他没有品牌感知和认知，而是让柜台的销售商去推荐商品，那么销售商永远会推荐能提高利润的商品，这是丝毫不需要去怀疑的。

毋庸置疑,创新永远是非常重要的。只是,当下的我国企业尚处于市场创新、技术创新的层次,与管理创新还有相当长的距离。只有具备了管理创新的能力,才能称为具备国际竞争力。

我看到的市场、创业、创新

这两年做国际市场出口的时候,我发现发达国家建立了非常严格的产品认证制度,全过程地涉及职业健康与环境质量等审查认证。几乎所有的产品,尤其是交通安全设施,由于是涉及人身安全的,认证更加严格,从原材料到生产过程,再到工程应用都有极高的门槛,中国企业的产品几乎不可能通过检测认证。但是在我们国家,这个行业却没有门槛。我们这个行业最基础的标志、标线、信号灯等这些产品,在工程应用上大多是送样检测和事后控制质量。以前政府采购很多招标都是重在考查企业资质,比如说企业经营规模与业绩、具有什么样的资质证书。供应商在事后验收时复印一大堆证件去验收,这是许多行业客观存在的情况。质量出了问题是很难正常整改的,因此,市场需要倡导采购者,尤其是政府采购者在质量方面做到事前控制,就是要在采购之前去认定什么样的标准产品可以列入选择范围,绝对不能采购完成之后才进行质量事后控制。

近年来,政府在全力推动大众创业、万众创新。在此我想借切身体验与切肤之痛简单地提醒致力于创业创新的人们:其一,不是说开公司、做老板才是创业,在一个团队中或一个岗位上实现远大抱负和自我价值,同样是创业;其二,不是说发明了一个产品、申报了一项专利就是创新,改进工艺结构、提高生产效率、促进行业发展,都是创新;其三,创新仅仅靠提供政策性资金支持的牵引力远远不够,甚至于会导致盲目的创新无果而终、浪费巨大,就产品或技术而言,为创新成果的产业化和广泛应用提供一系列强大的政策体制驱动力,更加重要。

刘　干
2016 年 8 月

文学是一种境界，专业是一种造诣，管理是一种艺术，文化之下包罗万象。如果管理的手段滞后了，就会出问题，思想家会发表看法，专家也会发表看法，但问题未必能够解决。

凡是出了问题，倘若找理由，公说公有理，婆说婆有理；倘若找方法，从若干个角度去看待，就会有若干多的方法。

人在路上走，车在路上开，人与车是变数，路是定数。正因此，定了规则，去约束变数，殊不知变数越来越多，环境越来越复杂。是以万变应不变，还是以不变应万变，哪个更加容易实现，就先去做哪个好了。显然，做好定数（路）是最经济、最可实现，也是最有效率的，其他的变数（人与车）无论怎么做都有变化。

人们对交通秩序和安宁的需求，催生了交通管理意志，再由交通管理者根据意志去制定规则，以满足需求。让人们都遵守交通规则，也是交通管理者的意志，于是有了教育，有了奖罚。然而，不可能让所有的道路使用者全部去接受所有的规则教育，所有的奖罚也都仅仅是事后的一种补救手段。怎么办？需要实施控制性措施，把管理意志和交通规则通过交通工程技术去直观地表现，实现对各种可变性事态的实时控制。交通工程技术，要在道路上落地。

以交通安全为例，从管理的角度去看，人、车、路、环境等很多个方面都要有抓手，一个做不好都会影响全盘。然而，从事故伤害的角度去看，只要具有完备的道路物理设施和完善的应急救援机制，就完全能够减轻或避免伤害。

真正让交通工程技术落地的末端是企业，可以说，没有强实的企业就无法让交通管理者的意志完美地落地。交通管理者的智囊团中，理应有企业尤其是民营企业的一席之地。世界上那些经济强大、发达的国家，无不拥有创新力极强的企业。国家领导人出国访问，会有很多企业家随团参与经济合作。交通管理工作中的管理、建设、咨询、规划、设计、工程、监理、养护等都是产业链中的一个节点，任何一个节点上的企业做不好事情，都会掉链子。产业链中的各种各样企业不应该因上游下游而产生轻重与否之观念，它们都是重要的一环。交通管理的主政者更应重视产业链的闭环管理，为实现共同的目标而统一步调。

在这个创新的时代，与道路交通管理相关的教育、法律、技术，无时无刻地不在发生着创新。而最最重要的源头，却是管理创新，创新管理。

谨此谏言，寄予舒适、安全、以人为本的交通状况期待。

刘　干

2016 年 8 月

交通安全纪实

交通安全管理

交通安全设施

企业创新之路 /

New Cognition
of Traffic Safety

交通安全纪实

道路交通安全，需要发起一场全民认知的行动[1]

据统计，全国各地政府的人大或政协提案中，有接近50%涉及交通问题，主要是城市交通问题。城市交通问题的表象是拥堵，而实质是安全的问题，是秩序的问题，是城市区域交通心脏功能的问题，是人们为什么要进出城市的问题。这其中，道路交通安全问题是最受关注、最需解决的问题，这已经是不争的共识。交通问题产生的根源从来就不是交通不智能、城市不智慧，即便投入再多高大上的智能和智慧，也不能从根本上解决交通问题。

根据世界卫生组织于2015年5月6日公布的信息，我国每年有超过20万人死于交通事故，相当于汶川大地震死亡人数的3倍。常言道，天灾难免人祸可避，

[1] 本文发表于《2016中国(深圳)道路交通安全论坛论文集》。

属于天灾的地震防不胜防，属于人祸的道路交通事故很多时候是可以避免或减轻伤害的。

道路交通事故，是现代社会经济发展下的灾害性产物，是人类与自然灾害、疾病灾难抗争的同时面对的又一项重大安全问题。相比食品安全、采矿安全以及其他生产安全事故，居高不下的道路交通事故死伤数字已经成为摆在我国政府和社会面前的迫切大事。治理道路交通安全隐患，可以说它是一项生命工程，是一门生命科学，这一关乎人命的大事，如何强调其重要性都不为过。

我国的道路交通安全究竟怎么了？让我们一层层剖析，发起一场全民认知的行动。

影响道路交通安全的四大因素是人、路、车、环境，这同时也是构建道路交通系统的四大元素。人因出行的需要而修建道路，为了提高出行的速度和效率研制车辆作为代步工具，频繁的行动催生了生活和商业等各类环境。人控制着道路交通系统中的路、车和环境，相反，路、车和环境为人服务。路是人类活动的起源，有了路就有了交通，之后有了车和环境，环境包括乡村和城市。

人的生命仅有一次，安全是道路交通系统必须保障的，道路交通系统运行的头等大事应当是确保安全。

一个不安全的道路交通系统意味着交通事故会频繁发生，不仅导致交通秩序混乱，还会造成生命财产损失。构建和谐的道路交通秩序，也要以道路交通安全为基础。

城乡一体化的现代社会，应当是交通发展在先，城市发展在后。很难想象，如果失去了舒适健康的出行环境，都市再繁华又有什么用?！失去了安全的道路交通系统，修再多的路、买再好的车恐怕也难以让人享受高品质的生活。道路交通事故带给人们的可能是人身财产伤害，可能是生活贫病交加，可能是家庭支离破碎，甚至可能成为一项社会不稳定因素。

惊人的数字和清楚的事实，带给道路交通参与者（全民）的思考是，如何避免交通事故，如何最大程度减轻交通事故伤害，如何保障道路交通系统中“人”的安全。在道路交通安全管理中，排查并治理人的隐患、路的隐患、车的隐患、环境的隐患，称作道路交通安全治理。

经过对道路交通安全治理进行系统的梳理可以发现，人治、法治、技术处治是通常采用的三种手段。

人治，是指通过对人的各种教育、宣传，让道路交通参与者自觉自发地谨慎出行，实现道路交通安全治理效率的提高。人治的手段简单易行，几乎所有国家的道路交通管理者都在长期使用。我国作为发展中国家，使用简单易行的人治方法非常普遍，尤其是大街小巷铺天盖地的交通安全宣传标语盛行多年。在教育方面，我国也开展了多种形式的驾驶员和在校学生道路交通安全知识学习。

法治，是指通过立法的形式，约束道路交通参与者的行为，使用具有威慑力的处罚条款实现道路交通安全的管理效力。法治的前提是要形成一个统一的规则意识，社会经济和生活水平达到一个高度。法治在发展中国家和发达国家应用普及较多。我国于 2004 年 5 月 1 日实施了第一部道路交通安全法，经过十多年的实践，形成了一个较为成熟的法治管理思想体系。

技术处治，是指通过科学系统的技术方法，实现道路交通安全管理水平的提升。技术处治涉及多种形式、多门学科，能够全面地对道路交通系统中人的防护、路的管控、车的性能、环境的功能进行不断改进。道路交通领域的咨询、管理、规划、设计、装备、设施、工程等，都是道路交通安全技术处治的抓手。技术处治往往在道路交通系统形成之初就会存在，例如，对道路进行路面硬化从而方便通行，就是一种改善路基和环境，增强通行安全性能的技术处治方法。

道路交通安全问题会伴随经济的增长持续存在，并且在一个由欠发达向发达经济水平转变的社会中，人的素养、路的品质、车的性能、环境的状况需要一个较长时期去改善。在这个过程中，道路交通事故发生起数和伤害损失会增长，然后会因为治理而下降。整个过程通常是在早期人治、中期法治的持续开展之后，随着国民经济和科学技术的不断进步发展，逐渐上升到以技术处治为主的后期治理。由于技术处治需要长期稳定的经济支撑和人才支持，我国在道路交通安全的技术处治方面尚存在一个较大的需求和发展空间。在美国、欧洲等发达国家和地区，道路交通安全技术处治早已经成为管理工作的核心，其中《美国公路安全手册》的颁布实施就是例证。

我国知名道路交通安全专家、同济大学杨晓光教授团队编著的教育部“十一五”“十二五”国家级规划教材《交通设计》，已经被印度出版单位翻译成英文版引入该国高等教育体系。杨晓光教授说：“有交通，就应该有交通设计。”教材通过对交通设计概念的剖析，重点就道路交通安全设计、道路交通安全设施设置给出了思路和方法，无疑是交通安全技术处治的一大进步。

根据我国官方公布的造成道路交通事故的主要原因，人的因素导致的交通事故占比超过95%，其次才是占比较小的由车辆、道路和环境因素导致的交通事故。从占比可以看出，人是引发交通事故的主因，这也造成常有人埋怨中国人交通意识和行为素养低下。

我们姑且不讨论人的因素对交通事故的影响是否如此巨大，只需反思一下：人的意识和素养为何如此低下，又该如何去改变？

在道路交通系统中，机动车驾驶员、非机动车骑乘者、行人共同组成了“人的因素”。其中又包括公交车辆、客运车辆、货运车辆、摩托车、农用车、工具车等的驾驶员，电动自行车、脚踏自行车、三轮人力车等的骑乘人，正常人和残疾人等各种不同“人的因素”。就共同的交通环境而言，不同的人在交通参与过程中具有不同的通行道路品质需求，需要合理地给出不同的道路品质，才能够达到一个相对平衡的道路交通资源分配以保障交通秩序。当有限的道路资源偏向于某一种需求时，其他的需求就会受到挤压侵占，被挤压的一方也就自然地想要去争夺更多的资源，这就是专家们经常谈到的路权分配问题。路权分配不均，将直接导致交通秩序混乱，埋下交通安全隐患，产生交通拥堵问题。路权分配也是建立一种秩序规则，人在某种规则的长期引导约束之下会形成一种规则习惯，而交通中遵守规则的习惯恰恰就是道路交通管理所需的“人的素养”。然而，在混乱无序的交通规则之下，人的习惯和素养从何谈起！

自21世纪初以来，我国的经济增长态势一路上扬，房多车多成了城市化进程的标杆。在这样的标杆作用下，城市发展经常为房地产和汽车工业发展让路，而忽视了交通在城市规划设计中的先导地位。许许多多的城市都是在建设完成后，发现了交通问题才去解决它。我国的城市道路，是为小汽车服务的道路：宽阔笔直的机动车道上，高大上的交通标志和红绿灯为小汽车提供了良好的视距视线，养成了驾驶员加速通过路段的习惯；狭窄弯曲的非机动车道和人行道上，障碍物和阻断使道路险象环生,稀缺的慢行交通语言让非机动车和行人无所适从,相较小汽车的通行环境,这体现出交通参与者的低下和卑微;大量的用于车辆通行的道路被用于车辆停放,路、场不分而人车交集;公交车站台设在快车道并且随意地停靠……

城市之外的公路相比城市道路更是有过之而无不及:有些宽阔的双向六车道、八车道甚至于十车道竟然没有设置中间隔离带,交叉的支路口可能没有设置任何警示设施;公路和街镇、乡村、学校等生活商业区交织在一起,所有的交通参与者和车辆穿行在公路上,路是街、街是场、场是路;紧挨公路两侧的浓密的树木遮挡住视线,一条条乡村小道隐藏其间,冷不防会窜出一辆车或一个行人;呈U形、S形、锐角、直角、钝角式的大大小小弯道因地形而设,缺少必要的优化设计和防护设施;此起彼伏的坡道和深浅不一的路侧沟壑、悬崖组成了一段段险要;车辆开进农村公路就像开进了迷宫,必不可少的指路标志成了农村公路的一种稀缺品。

在一个连安全都得不到保障的环境里,去谈素养简直就是奢望。

另一方面,我国有超过3000万的货车驾驶员,他们从事着高危职业,承担着我国物流总量75%的运输工作。漂泊在外,背井离乡,风餐露宿,无冬无夏,没日没夜,前不着村后不着店地行驶在各条公路上。每一个夜幕降临,每一次风雨雷电,每一处险要路段,他们都必须面对各种行车考验。他们没有话语权,不懂道路交通设计和技术理论,出了事故唯有靠保险补救损失,是弱势的“脚夫”群体。对于这个群体,文明和素养早被生存的压力和劳累所埋没。

车的性能也是不容忽视的。道路上行驶的大大小小各类车辆,可谓强者恒强、弱者恒弱。高贵的名车超速狂飙在车流中;倍增的新车犹豫不决于行驶的路线;满载的货车轰鸣着油门加速;廉价低档的三轮四轮面包车小轿车行驶在所有等级的道路上;让人望而生畏的渣土车肆意横行于深夜。它们中的很多车辆,自身防护性能、驾驶舒适性、制动性能存在着缺陷和隐患,得不到及时的排除就带病上路。以强制货运车辆设置的车身反光标识为例,驾驶员自行购买劣质标识的行为已经司空见惯。

机动车驾驶是一个危险职业,确保安全、快捷地到达目的地应当是驾驶员的共同追求。无论是人治、法治，或是技术处治，都应当以培养驾驶员谨慎、理性的职业行为习惯为目标，以向不同的交通参与者提供一个舒适的出行环境并形成其良好素养为理念，巩固和提高道路交通安全治理水平。

人治和法治，通过宣传、教育、处罚等方式，在我国已经得到多年的普及和应用。尤其是法治，各种治理手段被发挥得淋漓尽致，几乎所有的路口路段都设置了抓拍设备，可谓三步一哨五步一岗（然而笔者认为用抓拍处罚手段治理道路交通问题是中国特色，既影响环境也不利于驾驶员心理健康，随着社会文明的进步应当逐步取消）。各种朗朗上口的交通安全宣传语应有尽有，协助交警、义务交警的队伍日益壮大。如此大量的人治和法治措施，依然没有改变我国道路交通事故发生起数和死亡人数多年持续排在世界第一，以及拥堵成灾的现实。我国的交通参与者真是素质低下到如此程度吗？是不是该思考一下如何利用技术处治改变这一现状呢？答案是肯定的。

道路交通事故发生前，可以采用主动预防的技术措施。例如：改善道路的线形设计；给予交通参与者道路安全隐患点的预知信息提示；设置满足所有交通参与者需求的全天候可清晰视认的标志、标线、信号灯（拿目前普遍采用的反光型道路交通标志为例，骑行者和行人夜间看不见；夜间机动车不开远光灯看不见；逆光环境下看不见；湿冷环境下版面结露看不见；周边环境有干扰时看不见；雨雪雾霾恶劣天气下看不见等，直接或间接导致着交通事故的发生。《中华人民共和国道路交通安全法》第二十五条规定：“交通信号灯、交通标志、交通标线的设置应当符合道路交通安全、畅通的要求和国家标准，并保持清晰、醒目、准确、完好”。事实上，当前道路上的交通标志和标线存在着诸多如视认不清的安全隐患，信号灯更多照顾了机动车辆而忽视了非机动车辆和行人）；设置必要的警示、减速、防撞隔离设施，从道路空间和结构方面预警防控风险；交通参与者穿戴高性能反光防护人身装备；行驶的车辆实施严格的安全运行性能检测和配置必需的安全防护器材等。

针对道路交通事故发生的过程，可以通过分析以往同类事故发生的特征，设置能够消除撞击能量、减轻损伤的交通安全设施。例如，在道路交通安全隐患点或路段设置消能缓冲型防撞护栏；设置具有解体结构的交通杆件设施；设置路侧避险净空区域或车道；配备瞬间冲撞下具有高保护性能的人身穿戴装备；配置事故应急救生报警装备等。

道路交通事故发生后，除应获取正当的车辆保险理赔外，同时还应调查了解道路交通设计、施工、设施设置、验收、管理等环节是否存在违法行为，如果存在违法行为，则应当举证并追究责任。国务院于 2012 年 7 月下达了〔2012〕第 30 号文件，即《关于加强道路交通安全工作的意见》，其中第十三条明确提出“严格落实交通安全设施与道路建设主体工程同时设计、同时施工、同时投入使用的‘三同时’制度，新建、改建、扩建道路工程在竣（交）工验收时要吸收公安、安全监管等部门人员参加，严格安全评价，交通安全设施验收不合格的不得通车运行”。事故追责的机制和意识可以形成强大社会监督力量，向“设计不考虑安全，建设不顾及安全，管理忽视安全，设施自身不安全”的现象宣战，有助于技术处治水平的快速提高。

了解道路交通事故发生前、发生中、发生后各个环节技术处治的目的和具体方案，尝试把“不惜一切代价”救治和赔偿道路交通事故死伤所花费的人力财力物力，提前应用到道路交通事故的技术处治防范上，是道路交通安全管理工作的趋势和长期任务。

近年来，随着城市交通问题的暴露，为解决问题应运而生的公交都市、智能交通、智慧城市、绿色交通等概念迭出。无论如何，都是希望通过某一种方针、目标、措施，提升城市交通系统的品质。而事实上，打造一个品质优良、和谐有序的城市交通环境，需要利用多项具体的指标去构建一个标准的模型。例如：安全的水平、通行的效率、运行的负荷、人居与路网的密度、路与场的比重、客流与物流、公交的换乘节奏，都需要量化。很多城市，一味地进行货车限行却不给出物流的方案；一天到晚地修路却不知道拥堵的根源是什么；一边倒地倡议自行车出行却不给予其基本的路权；一个劲地倡导公交都市却不把旧的公交路线和换乘方案推倒重来；限制小汽车进城却疏忽了交通枢纽的接驳；在路两侧随意设置便民停车场却忘记了道路通行的主功能，结果压下了这边的葫芦浮起了那边的瓢。由此可见，应当实施全盘规划和设计，以人为本，以“平安交通”为抓手，平衡多方对有限的道路交通资源的需求，才是城市交通问题的解决之术。

本文以个人的观点，对道路交通安全管理工作中的人治、法治、技术处治三种方法进行了阐述，希望能够让更多的人知道道路交通事故可以通过科学合理的治理得以避免，从而推动我国道路交通安全管理的进步。人治、法治、技术处治，都是关系到生命财产安全的道路交通安全管理工程。设计是工程的灵魂，设计师以设计出优秀的作品、高品质的环境，以及改变人们的规则习惯而形成其良好素养为追求，从本质上改变我国道路交通安全环境的现状，必将使得这项工程成为真正意义上的生命工程、民心工程。一个安全的交通工程，应当包括好的道路、好的产品、好的管理。而所有的交通参与者在实施道路交通安全管理工程的过程中，都扮演着重要的角色，每尽一点义务都是对社会的贡献。

注记：文章起笔的时候是 2015 年 5 月 14 日凌晨两点（就在第二天下午，陕西咸阳发生了一起大巴车在 U 形弯道坠崖，导致 35 人死亡的交通事故），似乎有很多个因道路交通事故死亡的灵魂在呼唤我、鼓励我深刻地去剖析道路交通安全问题，促使我完成了这篇文章。

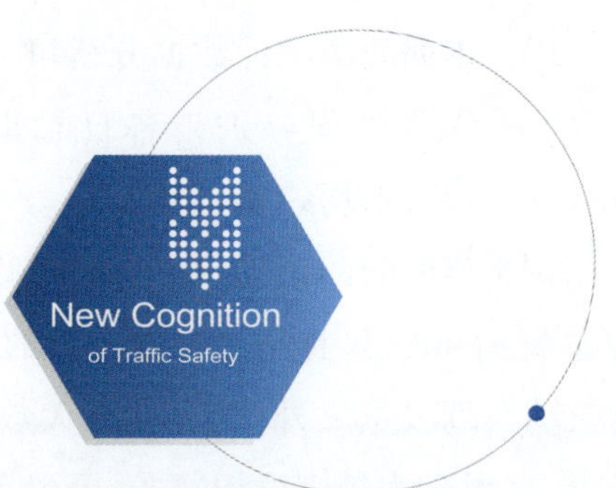

道路交通,生命安全重在工程、控制、防御

道路交通安全问题,尽管已经被交通管理部门升格到“生命防护”的高度,但是在我国车多、路多、人多的状态之下,管理的边际非常宽泛,急需一个清晰的路径去解决。笔者将着重于从道路交通安全态势、不同的管理思维角度,力求给出一个清晰的研判。

用数据分析当前道路交通安全态势

有必要申明的是,数据可能不尽准确,笔者仅仅采用了通过公开渠道查询获得的一个特定期间的数据。

车,通过2006—2014年期间新注册民用汽车拥有量和2006—2015年期间新增机动车保有量的数据分析可以得出,运行时间在5年以上的车辆占比全国总量高达82%!

路,通过2004—2015年期间的统计数据分析可以得出,运营时间在5年以上的高速、省、县、乡、村公路里程分别占各自总里程比例高达70%、91%、92.4%、96.2%、95.4%、85%,平均约88.3%!

人,通过2005—2015年期间的统计数据分析可以得出,持证时间在5年以下的占比持证人数总量约40%!且新考证驾驶员的数量以接近10%的速度逐年递增。在获证的机动车驾驶员之外,尚存在庞大数量的交通参与者没有接受过道路交通安全教育,交通行为规则意识薄弱,至少有8亿群体。

车、路、人的数据背后是一个惊人的事实结论,我国道路交通安全处于严重的"老路+老车+新手=高压高风险"的态势。值得思考的是:国产车辆开到5年以上时,它实际的安全运行状态能够达到一个什么程度;各类道路建设标准一直在不断地更新升级,在交通安全风险评价与审计机制缺失或不完整的情况下,运营超过5年的道路交通安全状况如何;新手驾驶员和不懂规则的交通参与者又会催生出怎样的一个交通秩序环境。

可以得见,我国道路交通安全管理形势非常不乐观,几乎就处于一个无法把控的不安全环境状态。无论曾经和正在采用什么样的管理措施,也无论取得了多么大的成就,仍然非常有必要重新审视道路交通安全管理的决策与对策,以指导管理方法和尊重生命。

从不同的思维角度去客观地看待道路交通安全管理

其一,站在"管理"的角度,道路交通涉及人、车、路、环境,它们相互之间存在着复杂与多变的关系。管理者往往希望有一个安全的交通系统,这也管、那也管,但又似乎总是无法全方位地达到管理目标。如同家庭对孩子的教育,父母望子成龙、望女成凤心切,常常要求孩子语数外、物理化、琴棋书画样样通晓,又大多事与愿违。交通安全管理的本身就不是某一个人、某一个组织的事情,而应当是全社会、全产业链共同关注的事,需要通过建立共同的愿景目标达成共识,才能够实现闭环式共同承担责任和义务。

其二,站在"学术"的角度,交通工程学从4E演变到5E,近年来又有人提出6E,包括执法、教育、环境、能源、工程、经济。执法与教育体现的是管理意志,能源与环境体现的是社会需求,要想获得意志的执行落地和需求的真实满足,科学合理的交通工程是其中的核心。经济是混合剂，对交通安全的投资既会产生成本、也会产出收益。比如，美国有专门课题研究投资设置路灯、护栏、标志标线设施的交通安全经济效益比，分别是1∶26、1∶24、1∶22。很显然，创新性地组织、设计、实施交通工程，极为重要。

其三，站在“伤害”的角度，交通事故伤害不是一个个体行为，是环境状况、人的过失、物的不当、事故发生、救援不力的连续传递过程，各自之间犹如多米诺骨牌，抽取掉任何一张因素骨牌，事故伤害立即终止。人在路上走、车在路上行，人与车涉及生理、心理、机械性能，则存在一个动态的变数。被人与车使用的道路，则是静态的定数。很显然，抽取掉多米诺骨牌中“物的不当”因素是最有效和最容易实现的手段，而车与路都属于物的不当因素，通过使用一条安全的道路以不变应万变，又是最为可行的。美国在用的MUTCD(《交通控制设施手册》)，其中突出强调的就是设置科学合理且高性能的标志标线信号设施，达到控制(control)不安全行为与事故伤害的目的，强调的同样是用“一条好路”去应对随时随地可能发生的交通事故，以不变应万变。

其四，站在“发生”的角度，有研究表明道路交通事故发生的时间非常短暂(仅仅在200毫秒内)。事故发生后救援的时间更加紧迫，而最充裕的是事故发生前的主动预防时间。应采用有效力的警示设施，如能够在夜间等恶劣环境下提高安全视距的主动发光交通标志、能够感知环境信息的速度管控系统，应用减少冲突并规范秩序的交通工程技术等，去实现事故发生前的主动智能防御。

通过对工程、控制、防御技术的重视，把现在的一条条道路提升为安全高品质的“好路”，应对高压高风险交通环境中人与车的不确定因素，无疑是建立一道最容易实现并且可持续实施的生命安全保障防线。比起被动的事后救助、用守株待兔式的抓拍以罚代管、对巨额损失进行事故救援与赔偿、不惜代价追责问责，哪种才是更好的方法，不言而喻。

西安交警“零”愿景与“一条好路”

道路交通事故“零伤亡愿景”，自瑞典于1994年提出该项计划以来，取得了事故与伤亡逐年下降的显著成效，现已被越来越多的国家视为道路交通安全管理工作的终极目标与追求。我国的人口、道路、车辆处于长期持续增长的态势，道路交通事故死亡人数和百万车死亡率一直位于世界前列，然而道路交通安全管理工作尚不具备系统完整的目标措施，更是缺失“零伤亡愿景”这样的社会共识。

西安市公安局副局长、交警支队长刘军提出，要在西安市城市道路交通管理中实现“零违法、零事故、零伤亡”。公开提出三个“零”愿景正值该市机动车保有量突破250万辆之际，经2016年8月30日在公安部交通安全博览会同期举办的“互联网+”交通管理论坛上再次详解，广泛引起业界人士共鸣与社会强烈反响。经公开搜索查询，三个“零”愿景的提出，在我国各城市道路交通管理体系中是首开先河。为保障愿景计划的实施，如今西安交警的城市交通管理工作进入了“2 +5”模式，即倡导“公交出行、绿色出行”的两种出行理念，树立“标志标线、文明礼让、交通感恩、快速通行、一车多人”的五种自觉意识。

笔者观点，就像闻名全球的5S管理、六西格玛管理、ISO 9000质量管理，西安交警的“2 +5”是一场管理创新行动。在创新层面，长期以来道路交通安全管理工作大多停留在技术创新、组织创新，没有能够通过管理创新把管理者的意志与理念通过成体系的标准去落地。放眼我国的所有城市交通，问题千篇一律，困难如出一辙，而解决手段同样是周而复始的整治、整治、再整治。交通管理的边际很宽泛，各种人、各种车、各种路组合在一起，要想全边际全方位地管好，需要达成一个全社会的共识。就是我们需要一个什么样的共同的交通环境，这个共识要尽可能简洁、易懂，基于对生命的尊重，“零伤亡”显然比较符合逻辑。在同一个共识之下，交通参与者自我约束的意识会显著提高，同时交通管理者采用的强制约束规则也会得到最大程度的执行。这就好比制定了家训的家族，家训指导了族人如何做人、如何做事、如何做学问，根深蒂固植入每一个人的意识，成材过程的效率就会被提高，这样的家族族人往往更多成长为社会精英，并且互相之间效仿优秀的榜样。中国人民解放军早期组织了很多几乎大字不识的劳苦大众入伍，用“三大纪律、八项注意”的管理思想迅速提升全军行为素质，成为其制胜的法宝，也是通过管理创新、建立标准从而获得巨大成功的印证。

人在路上走，车在路上行，人的行为受生理与心理的影响而变化，车的状态受机械与机理的性能而变化，路的服务是一个恒定不变的因素。很显然，用“一条好路”以不变应万变，是道路交通管理成功的捷径。美国在用的MUTCD（《交通控制设施手册》），其中突出强调的就是设置科学合理且高性能的标志标线信号设施达到控制（control）不安全行为与事故伤害的目的，强调的同样是用“一条好路”去应对随时随地可能发生的交通事故。人类在不停地改造环境，环境可以改变和影响人的行为习惯。“一条好路”带给人们的是一个高品质的出行环境，而良好的交通行为习惯就是交通管理中最需要的“人的素质”。

“2 +5”的管理创新，落地之处恰恰应当是用“一条好路”的标准去建设出一条条好路。之于交通管理，该如何去归纳总结“一条好路”的特征呢？下面且从四个“零”愿景倡导者的见解去剖析。

其一，道路上的交通标线不可或缺，它们是规范人与车出行秩序的规则底线。用标线区分道路的不同功能板块，以分割或控制不同的人与车通行之间的冲突，也就是交通常识中的渠化、路权。同时，交通标线还应当起到对平面交叉口等交通环境中空间与时间的动态调流作用，需要以人为本、因地制宜地去构思、设计、作业。

其二，道路上的交通标志清晰准确，它们是人、车、路、环境之间的交流语言。道路路况与路网结构、交通环境与信息、法规与教育的意志、出行的需求，均应当依靠交通标志传递给交通参与者，否则会使人处于一个茫然、不安全的状态之下。尤其是在城市交通中，多样化的路网特点、多样化的商住特征、多样化的出行特点，构成了复杂多变的交通系统，更加需要用与交通标志对话的方式达到智慧出行。当然，交通标志的设置需要注重和城市环境与文化的协调，应做到设计精心、内容精细、品质精良。

其三，道路上的交通信号灯科学规范，它们是管理平面交叉口的无声“交通警察”。人居密集状态下的城市交通会产生大量的人与车的流量，为避免不同方向的交通流汇集到同一个平面交叉口形成冲突，必须设置信号灯以调配它们各自通过的时段。信号灯显而易见的益处是规范了通行秩序，弊端是拦截了交通流而导致排队，甚至于使排队时间过长造成拥堵。解决截流弊端的唯一办法就是科学规范地合理配时，结合区域路网内全年范围不同周期时间的交通流量变化数据，给出一系列的配时方案。在确保安全的前提下，尽可能地缩短等待时间、降低排队长度、提高通过流量。

其四，道路上的物理减速、隔离、防撞设施精细精致，它们是减轻或避免交通事故伤亡的防护神。速度过快或过慢、侵占路权、夜间开远光灯、争先挤压，是城市交通中的典型交通事故隐患。尽管交通事故的发生是在多种不确定因素下的偶然性小概率事件，却是生命伤亡的直接因素，必须站在“伤害控制”“主动防御”的角度去做好应对与防范措施。类似于碎石路面、橡胶减速带、护栏、防撞设施、行人过街安全岛等，都是常用的物理设施，可以通过精细的设计与设置，使其与周边环境文化设施相匹配，相得益彰。

著名的道路交通安全管理专家段里仁教授提出过交通标志的“色、空、时、位”四大设计设置技巧与方法，同样适用于“一条好路”所需求的交通标志标线、信号灯与减速隔离防撞设施。色，即色彩引导的运用；空，即空间的合理构建；时，即时间的优化调配；位，即位置的恰到好处。

由“2 +5”管理创新的提出，落地到“一条好路”的标准成型，就不难让人们去达成“零”愿景共识。再去设定一个可持续和可实现的违法下降、事故下降、伤亡下降数字的目标，则水到渠成。

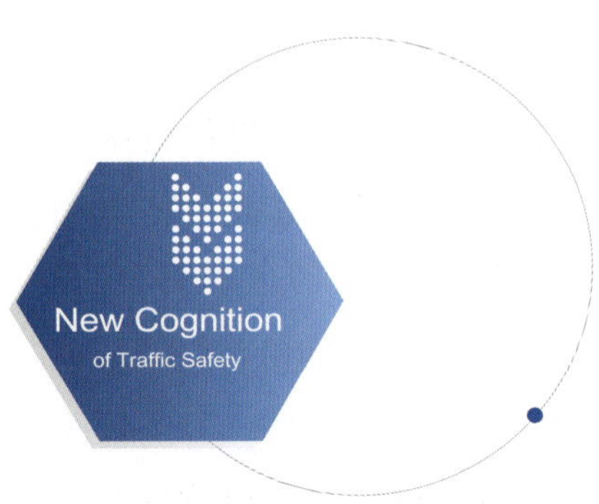

拥堵收费与治理，兼听则明[1]

城市交通拥堵问题，早已经摆在政府领导的案头、悬在城市居民的心头。近日，一些专家提出拥堵收费的建议，引起空前哗然。究竟该不该收拥堵费，强调该收的一方已经摆清了很多道理和事实，强调不该收的一方的理由在哪里呢，且看看下面的分析。

车多路少：建设规划源头存在问题

理由之一，宏观层面上，导致车多路少的局面，与小汽车产业政策、城市商住规划、综合交通规划不无关系，城市与交通的建设规划源头存在的问题应当放在首要位置去解决。比如，城市大量地修建快速路网，很多城市的快速路穿越城市

---

❶本文发表于 2016 年 6 月 21 日新华网思客。

的心脏位置,加剧中心区域的交通负荷,中心片区路网无法分流导致瘫痪从而波及全城,同时也严重破坏了慢行交通环境和商住质量。韩国首尔市清溪川复兴改造项目,就是拆除了高架桥快速路,恢复自然生态和推进环境友好的交通体系建设,很大程度上缓解了拥堵状况,使城市得到均衡发展。倘若我国的一二线城市能够学习国际已有经验,破而后立,在交通规划与政策方面下一番硬功夫,一定能有异曲同工之妙。

人、车、路协同:需要全盘兼顾的匹配

理由之二,微观层面,符合交通工程学原理的交通组织还有着极大的优化改善空间。

解决问题要靠标本兼治,懂得交通工程学原理的专家学者们都知道,拥堵的表象是人多、车多、路少,其产生原因主要有三点:一是事故,二是秩序,三是效率,而上述原因的根源却是人、车、路三者之间的组织"不协同",也就是常说的交通组织设计不合理。

交通组织设计是什么概念呢?

类似于家装,一幢房屋建筑在不同的家庭入住之前,要根据家庭成员的数量、年龄、健康、习惯、文化、经济条件等产生的不同的需求进行宜居性装修设计,入住之后的若干年内还会根据家庭成员的各方面变化而改善,这些需要综合考究的家装是房屋建筑设计阶段无法完成的。

交通也一样,一条道路或一个路网片区在通车运行之前,要根据其周边的路网结构、地理环境、规划布局、商住人群、出行特征、教育旅游等不同的情况,为实现安全舒适,进行交通组织设计,通行之后的若干年内也要根据上述多方面变化以及周边路网结构的变化而优化,这些需要全盘兼顾的匹配同样是道路建设设计阶段无法实现的。

但是,长期以来,无论是道路建成于周边商住环境成熟之前还是之后,我国的城市交通组织是伴随着道路设计与建设同步完成的。既缺乏对功能性的设计,又缺失持续性优化改善,在交通安全评价与审计体系方面也尚不健全。城市道路上随处可见不同的机动车、非机动车与行人相互之间的通行冲突,交通安全设施处于可有可无的状态。涉及城市交通管理的教育、法律、能源、环境都可以通过科学合理的精细化管理去体现管理意志和实现环保节能，而当前我国的城市交通工程显然还有着非常大的差距和改善空间。

把有车一族往外撵，可能催生城市空心化

理由之三，理性层面，把希望寄托于通过收费杠杆将有车一族从城里往外撵、让城外进不来，这极有可能导致城市空心化时代的提前到来。

短短三十来年的时间，我国的城市建设产生了当下的规模集聚效应，很大程度上是因为长期处于艰苦环境下的农耕生活中的人们，受到了快速来临的工业经济发展的刺激，迫不及待、争先恐后地硬生生融入城市生活。相比过去和现在的农村，城市生活显然丰富多彩。然而，当下大量由农村迁移到城市生活的居民，家庭的经济基础还相当薄弱，因房贷、车贷、教育与医疗负担，他们在高楼大厦林立中两点一线奔波，对未来甚至于下一代人生活的憧憬让他们心甘情愿地付出。

依赖于快速地大拆然后再快速地大建，几乎全部城市都有一个模样的钢筋水泥森林和整齐划一的设施。可以说，如果不是城市与农村的巨大差距，如果在经济增长中农村与城市同步发展，当下的城市究竟能够提供什么样诱人、宜人的留人环境，实在是值得商榷。随便去欧洲的城市走走，就容易发现那里的城市随处都是人文景观和艺术瑰宝，远古的、近代的、宏伟的、微观的，在蓝天白云、草青水碧间相映成趣。相比之下，我们的城市应当依靠于什么样的因素才能保持持续的规模和活力，值得思考。

在未来相当长的一段时期，城市的繁荣还需要足够数量的人口去维系，离不开常住人口与流动人口的互补。

好在，我国城市已经拥有了当前可观的人口规模，与足够多的居住建筑相匹配，并且达到了一个峰值饱和状态。在发展城镇经济逐步缩小城乡差距的情况下，除非现在的城市还能把高楼大厦翻建得更高更多，否则已经不大可能再继续涌入更多的人口。同时，伴随向田园生活的回归，还会有一定数量原本从农村走向城市的中产阶层远离喧嚣的城市生活。对于城市中心区域而言，有房有车一族，数量上的增长更加不再具有可持续性。

据中国汽车工业协会披露，2015—2020 年我国的汽车销量复合增长率预计仅为3.7%，由于一二线城市家庭汽车拥有量趋于饱和，将主要依靠三四线以下城市继续增长。在汽车总量趋于饱和的情况下，通过交通组织疏导和其他措施优化交通将取得可喜的成效。倘若，硬生生地不让有车一族在城市通行，他们的离去或不进城之日也许就是城市空心化到来之时，届时再靠什么留人？那些高楼大厦将何去何从？

收拥堵费是以惩代管，当属于万不得已才为之

理由之四，感性层面，收拥堵费是一种简单的以惩代管手段，当属于万不得已才为之。

无论收多少拥堵费，在交不起钱的人放弃开车的同时，也有可能让更多交得起钱的人增加开车出行次数，难免还会出现拥堵。收多少拥堵费能够阻挡住多少人不开车，是否收了拥堵费之后就一定有效果，相信没有人能够给出明确的回答，也不可能有人会去承担相应的责任。

固然，在是否应当征收拥堵费的问题上，也有专家拿出外国某些城市收取拥堵费后取得效果的案例。但是，外国城市与我国城市的交通供给与需求特征、交通出行环境、交通行为素质、交通组织水平等千差万别，把相关的多方面数据拿出来扒一扒，很容易看出其中的规律。

例如，被称为世界最拥堵城市的伊斯坦布尔，其城市面积5343平方千米、有约1400万常住人口、约365万辆机动车。而北京市对应的数据是16410平方千米、2170万人、561万辆。后者拥有前者约3倍的城市面积、接近1.5倍的人口和机动车数量。伊斯坦布尔凭借真正意义上的公交优先和交通组织系统，引导城市居民自觉放弃私家车而选择安全舒适、便捷高效的公共交通出行。伊斯坦布尔的拥堵具有堵在进出城瓶颈节点、公交车辆不堵的特点，而北京的拥堵却是大面积一锅粥式的。

当前我国城市的拥堵属于一种缺乏理论应用和基础支撑的交通工程病态，还没有充分的理由可以认定为是由人多、车多、路少导致的，需要对准病灶施以手术和良药，绝不可随便下个无可救药的诊断，违背救治原理，贻误救治时机。

考虑到上述四条理由，还可以通过调整商住规划、调节出行规律、平衡运行负荷、提高慢行交通出行比例、改善交通行为等方式方法去缓解拥堵状态。

同时，还应当给出一个让人们一听就能明白的拥堵定义。例如，设定一个交叉口信号灯间隔周期的时间上限和通过路口时的最长允许周期，在其范围内能够通过则视为正常，否则视为拥堵。还需要给出达到多少个交叉口拥堵的情况下属于小范围拥堵，或者大面积拥堵的定义。除交叉口外，路段拥堵也应当给出简单易懂的明确定义，可以借用排队等待长度或车辆数来定量。对拥堵加以定义，更加有利于给出解决方法、实施组织设计和优化工程，还可以对最终的效果进行数据量化评估。

对以惩代管的方式进行逆向思考，是否可采用更好的鼓励奖励措施去引导市民以步代车呢？毕竟对于同在一个城市生活的居民而言，不开车的人对缓解拥堵和环境治理的贡献最大。如果不开车出行可以更加便捷，可以得到奖励性补偿，或许更多的市民会选择不再开车、买车，慢行交通会成为一种时尚和光荣。城市交通的这团乱麻，是用收拥堵费的方法去“砍”，还是以人为本地用匠心匠手去“解”，哪个更适宜，显而易见。

对城市道路交通安全与管理设施存在问题的分析与对策思考[1]

随着我国现代化进程的不断推进，汽车保有量不断加大，导致了一系列现实问题的突显，交通事故、道路拥堵、停车难、车辆尾气排放已成为影响我国城市道路交通健康发展的四大“元凶”。要想解决这些问题，需要从交通法律法规的制定与完善、新建道路的规划与设计、原有道路的保养与维护、交通安全与管理设施的设置与优化、城市道路交通参与者的教育与宣传等多方面着手。

其中，城市道路交通安全与管理设施的合理布设对降低交通事故数量、减轻交通事故程度、缓解日益严重的交通拥堵有着极为重要的作用。同时，交通安全与管理设施的设计、设置应当依照“城市家具”的概念开展，与城市局部区域的

[1] 本文写于2015年11月。

文化景观协调一致。但目前城市道路交通安全与管理设施的设计、设置存在很多不合理之处，主要存在以下问题：

(1)由于城市扩张和路网建设速度过快，缺乏精细化规划和设计，道路交通管理设施的设置与道路实际的安全通行效率不匹配，对道路使用者无法形成硬性的规则约束力，对道路通行秩序和安全无法形成高效保障。

(2)城市道路建设存在多头建设、多头规划设计、多头维护管养的现象，现行道路交通管理设施类国家和行业标准，例如 GB 5768 缺少对城市道路交通管理设施设计、设置、验收、管养的具体规范，使得很多道路都执行了标准，而又都有差异。

(3)城市道路交通管理设施的工艺技术创新发展滞缓，这也是普遍性问题。例如标志、标线在夜间只能借助车灯视认；护栏的样式几乎千篇一律；信号灯仅仅能够在近距离条件下被识别；警示、防撞、减速设施使用寿命极低，影响环境；测速抓拍设备功能不全，给违法人员钻漏洞的机会。

(4)城市道路交通管理偏重于从保障大量小汽车通行的角度出发，使得交通管理设施的设计与设置缺乏对公交车道、人行道、非机动车道的考虑，各类交通参与者在道路上混行，产生交通安全隐患且通行效率低下。

针对以上问题，提出以下对策：

(1)对现有道路网络充分调研，明确不同等级城市道路的功能定位，对重要交通枢纽、公共广场、旅游景点、便民生活场所等信息梳理归类，从优化通行安全和秩序的角度规划城市路网，以实现其与道路交通管理设施的匹配。

(2)由公安交警部门牵头，在现行国家标准和行业标准的基础上，结合各城市当地的实际管理需求，通过质量技术监督管理机构，颁发实施地方城市道路交通管理设施设置标准，以统一不同建设、设计、管养单位的技术标准。

(3)对道路交通管理设施工作提出创新要求，引进新技术、新材料、新产品、新方案，如标志采用主动发光技术，全天候确保所有道路使用者的视认；交通杆件、护栏的设计要与道路人文景观相结合，新颖适用；延长警示防撞减速设施的使用寿命并提高其美观度；引进具备单机全景智能跟踪功能的测速抓拍设备，提高对违法行为的整治和防范效率等。

(4)根据城市道路主功能的不同,如服务人群、承担负荷、提高环境品质等,区分主次干道、街巷、商业文化街区、校园周边、车站码头的道路,强化完善不同道路在公交车道、人行道、非机动车道的管理设施设计与设置,以实现不同的交通参与者各行其道,保障交通安全、提高通行效率。

总之,城市道路交通安全与管理设施应能够满足交通参与者安全、高效、舒适的出行需求,兼顾不同交通方式,基础设施与智能交通建设相结合,提升城市道路交通环境品质,支撑城市可持续发展。

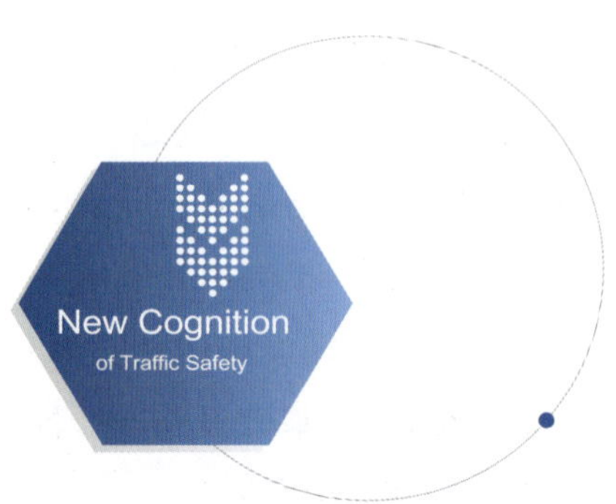

对城市新建道路交通安全设施的思考[1]

在道路交通安全管理工作中，通过对道路交通事故隐患点的预判和预防处置，增加道路的通行和安全保障能力，具有众所周知的效能。而交通事故隐患点在城市交通环境中，点多、线长、面广，设置必要的交通安全设施产品，正确地按照标准和规范把交通设施应用于道路，是科学实用的管理措施。交通安全设施之于道路，就像扶手之于楼梯的关系，没有安装扶手的楼梯会导致灾难性的事故发生，车辆在缺乏交通安全设施的道路上行驶也是危机四伏。

道路交通安全设施的设置，主要分为新建道路通车前的设置、使用中道路设施的增设或管养。后者是前者的延续和补充，前者的规范和标准，对于道路的安

[1]本文写于2010年10月。

全高效通行有着非同寻常的意义。借此，展开对新建道路交通安全设施的思考，希望能够引发新建道路建设者和公安管理机关的重视，从根本上治理好、清除掉道路交通事故隐患，切实保障交通环境中人、车、路、环境的多方利益。

一、新建道路交通安全设施的现状

近年来，各地城市快速扩张而新建了快速路等多种形式的城市道路，交通环境发生了日新月异的变化，而交通安全设施却仍然停留在多年前的状态。在交通安全设施中，设计者和建设者仅仅是考虑到了最基本的交通标志、标线、中心护栏、信号灯设置安装，没有能够全方位地从交通安全通行保障角度出发，引入更为科学先进的交通安全设施产品。

诸如：在城市快速路两侧的隔离护栏上，没有按照高速公路的交通安全设施规范安装反光轮廓标，中间隔离护栏上缺少防眩装置；在一些快速路、交通枢纽的急弯陡坡处，缺少必要的主动预防、消能防撞设施；在一些隧道和城市主干道的中心线和边缘线上，根本看不见反光突起路标类标线视认增强设施；在一些学校周边、交通安全隐患路段，缺乏必要的减速设施；道路交通标志和信号灯受周边环境亮度和商业广告设施的影响，视认性极差；居民区和商业文化街区的路权区分隔离设施严重不足，通行混乱；许多减速防撞设施粗制滥造、形同虚设。

在实际的道路环境中，我们还经常可以遇到因交通标志设置不足引起的找路难问题；因交通标线渠化不科学而引起的交通拥堵现象；因交通信号灯设置不规范而导致的误闯现象；因护栏装置的技术缺陷加重了交通事故发生时的冲撞力而车毁人亡，诸如此类的情况足以引起我们对于新建道路交通安全设施现状的忧虑。

究其原因，主要表现在以下方面：

(1)城市新建道路交通安全组织规划滞后。

我国城市新建道路的建设和投资主体往往是市政工程建设主管部门，不同于等级公路建设主管部门是交通部门。前者仅仅是投资建设的参与者，建成后的道路交通安全管理工作需要移交给当地的公安交通管理机关。而后者既是建设者，又是交通安全管理工作的直接参与者。早在2004年，交通部已经明文规定把道路附属设施工程纳入道路建设主体工程进行设计、组织和预算。而至今也无法查找到关于城市道路交通安全设施和道路主体建设必须关联的强制性法律法规。

事实情况是，城市新建道路的交通安全组织工作往往滞后于道路主体建设工程。道路设计者和建设者在最初只是考虑了道路通行能力和路面结构工艺，而忽略了交通安全设施在道路工程中的不可或缺性，只是在到了后期接近道路通车的阶段才委托专业的交通安全设施单位去规划设计。资金预算的不足、时间的不足、初期对周边和实际交通环境的考察不足，都会导致相关交通安全单位在这个阶段仓促应付。

（2）城市新建道路交通安全设施缺乏标准化。

城市新建道路的交通环境非常复杂，大大小小的道口交织连接，视线的情况千变万化。学校、单位、酒店、居民区、菜市场、停车场等不同的交通点林立于道路两侧，也使得交通安全管理设施要因地制宜、因需设置。各交通道口的隐患有轻有重，停留在纸面上的设计根本无法满足实地的交通组织需要。

倘若能够对不同交通道口的交通安全管理进行预见性分析，把各类交通道口归类，应用标准和规范的交通安全设施方案，则可以达到干道畅通、支路有序的效果。

（3）城市新建道路施工期间的交通安全设施组织缺乏系统性。

新建或改扩建的城市道路，具有施工期长、影响交通秩序面广、事故隐患情况复杂的特点，解决好施工期间的交通安全设施组织，同样重要。

我们经常发现，在一条道路施工期间，大多是在施工点的位置周边放置一些标牌，改变施工点位置的道路渠化，而忽略了对施工道路周边更远范围内交通秩序的调整。这种情况下，车辆只有在临近施工道路的时候，才发现需要变更行驶路线，产生不必要的“断头路”现象，大量的车辆积压在断头路上，给周边道路的通行制造了障碍，也给车主带来了严重的生活不便，以及燃料的浪费损失。

事实上，新建道路在施工期间，对周边交通秩序的影响通常可达3000米或者更远的范围。只有在受影响的范围外进行提前预警，告知改变路线，才是提高通行效率的有效手段。

案例1:2009年6月10日的晚上,南京市秦淮区象房村路施工封闭,仅仅是在道路的两头放置了交通标志牌,提醒车辆向前过桥100米由酒精厂路通行。而就是这一点的变动,造成了11日上午的交通堵塞。很多车辆在象房村路口思考交通路线变更的提示,犹豫不决,致使双桥门高架上下的由南向北方向和节制闸路长乐路东西方向一直堵塞,堵塞范围远远超过了3000米。试想,如果在大明路和秦虹路口、卡子门、中华路和长乐路口分别做出交通疏导提示,这样的堵塞完全可以避免。

由此可见,施工期间的交通安全设施组织的系统性规划非常有必要。

(4)城市新建道路交通安全设施监管力度不足。

《中华人民共和国道路交通安全法》明确规定,交通安全设施的设置和管理的权力归属于公安交通管理部门。而实际中,由于道路建设投资人不是公安交通管理部门,其只能以参与者的身份出现在新建道路交通安全设施组织设计工作中,提出的多是建议和意见,无法真正按照标准规范要求投资人出资完善交通安全设施。即使公安交通管理部门享有监管权,但制约条件会直接导致执行力度不足。

二、完善城市新建道路交通安全设施的对策

完善城市新建道路交通安全设施的设置,是提高道路通行效率、预防道路交通事故、保障人身车辆生命财产安全的重要管理手段。执行新建道路交通安全设施的规范和标准,极大地影响着道路通车后的交通秩序,对交通安全管理工作的水平提高也有着长远意义。在此,提出几点对策以标本兼治。

(1)将城市新建道路的交通安全设施组织设计和安装设置工作纳入主体工程中。

城市新建道路工程应当包括三大部分:路基、路面和交通安全设施。把交通安全设施纳入主体工程进行设计和预算,可以有效保障道路通行时的安全秩序。具体办法是:在新建道路工程的立项之初,由交通安全管理部门对施工期间、竣工通车期间的交通安全设施进行全面科学合理的组织设计工作,道路投资建设方根据交通安全管理部门提出的组织设计方案执行,保证方案和资金的充分实

施和利用。

（2）组建一支专业的交通安全与管理设施的设计与设置专家团队，对城市新建道路的交通安全设施设置方案充分论证，做好全面规划。

交通安全设施的应用是一个非常专业的领域，当前全国范围内，交通安全设施方面的专家型人才都比较匮乏。组建一个专家型团队，引入理论、实践、管理领域的不同人才，对新建城市道路的各个节点进行调研论证，可以确保交通安全设施设计方案的科学性和合理性。专家团队可以由公安交通管理部门内部的专家型领导带头，交通安全产品制造或施工企业的技术人才、交通安全设计院的专家、关注交通安全工作的民间人士也可参与进来。

（3）制定城市新建道路交通安全设施的设置标准和产品质量标准，规范设计、投资、监管、建设各方的行为，以高质量高标准达到目标。

科学合理标准化，是各项日常工作的高级目标，交通安全设施的制作和设置也不例外，交通安全设施直接关系到生命财产安全大事，标准和质量不容忽视。城市新建道路的修建，是设计方、投资方、监管方、建设方多头配合的过程，唯有制定出一套系统的设置标准和产品质量标准，才能规范各方的行为。

（4）明确公安交通管理部门是新建道路交通安全设施的设计组织者和标准制定者，其他各方是工程参与者和实施执行者，须服从公安交通管理部门既定的方案。

（5）把城市新建道路施工期间周边道路的交通秩序组织提前，进行系统化全面性的规范管理，主要利用交通安全设施的设置提高通行效率，以不影响交通正常秩序，方便人们出行。

（6）引入交通安全设施保险机制，通过社会融资加大对新建城市道路交通安全设施的投入。

新建城市道路交通安全设施的设置并非一劳永逸，它需要长期的维护和更新投入才能实现交通的长期安全。要使新建道路安全可靠、使用期限长，资金是困扰新建道路交通安全设施投入的普遍性难题。尽管道理很简单，设施的投资无法和保障人身生命财产安全相比拟，但是这样的道理在实施过程中往往被资金的投入无力而置之不顾。

交通安全设施能够预防交通事故的发生，降低交通事故的损失，可以减少保险公司对车辆和人身伤害的理赔，这是毋庸置疑的。把保险机制引入交通安全设施领域，设置更为人性化、科学合理的产品，由保险公司对交通安全设施的损毁负责，何尝不是一种一次投入、永续收效的好方法。

三、对城市新建道路交通安全设施的展望

交通安全设施，是指为提高道路通行能力，保障人身、车辆安全和道路秩序，预防交通事故发生并降低事故发生时和发生后的各种损失，而设置在人、车、路组成的交通环境中的产品。通常，交通安全设施的重要特点是具备信息发布、警示防护、诱导的功能，并且无论在白天或夜间均能够保持醒目，起到警示的效果，提醒行人与车辆安全有序通过道路并且在意外发生时最大程度降低冲击力减轻损伤。

从1999年我国第一部国家强制性标准《道路交通标志和标线》(GB 5768—1999)实施开始，到2004年《道路交通安全法》颁布，相关标准都给予了道路交通安全设施应用极大的重视，也推动了交通安全设施工艺技术领域的快速革新。从木板、铁皮、油漆、石块、水泥杆应用，到钢材、铝材、反光材料、混凝土应用，再到橡胶、塑料、复合材料、电子、太阳能、计算机等新技术结合应用，无论是交通安全管理理念或是管理手段，都发生了巨大的变化，在减少交通安全事故、降低损伤程度等方面起到了立竿见影的作用。然而，标准规范、法律条例执行不统一，新老工艺和技术产品结合应用不协调，都事实存在，给道路交通安全设施的设置也带来了较大的科学性、合理性不足的问题，造成了经济浪费和管理效率低下。

从上面的分析可以发现，科学实现城市新建道路交通安全设施的功能和效率目标，应当以人为本、智能先进、经济环保。

(1)交通安全设施产品以人为本。

在交通事故发生的诱因中，速度快已经成为普遍公认的头号原因。降低速度，在安全的速度下让车辆各行其道，不被其他外因改变行驶路线，在道路上设置必要的分流、防撞、减速设施是避免事故发生的有效措施。在道路上设置中心隔离护栏、安装减速带、安装防眩板、放置防撞桶，或者在护栏的两侧安装轮廓

标、在标线上安装突起路标，这些都是我国最常见也是最通用的交通设施设置方式，很大程度上保障了交通秩序的正常。这些设施可以被分为硬性和柔性两种：诸如用钢铁、水泥混凝土制造的设施统称为硬性交通设施；诸如用橡胶、塑料、树脂复合材料制造的设施统称为柔性交通设施。硬性交通设施的特点是：成本低、寿命长、工艺简单、取材方便，但其在交通事故发生时和发生后造成的车辆人员损伤也是非常严重的，甚至于会加重撞击力而使车毁人亡。柔性交通设施的特点是：成本高、寿命短、工艺先进、对材料质量要求较高，但其具备消除撞击能量的作用，在车辆与设施之间发生撞击时能够降低冲撞强度而大大减轻甚至于避免车辆人员的损伤。

案例 2：2008 年 5 月 19 日，《扬子晚报》报道了一起客车因柔性设施而避免碰撞事故后果的案例。事情发生的经过是，一辆客运车辆在通过南京市大桥南路高架时，由于雨天路滑，方向无法清晰识别，在一个路口撞上道路中心护栏。该路段的中心护栏是水泥隔离墩，但交警在距离路口 20 米处摆放了一种新型塑料隔离墩来代替水泥隔离墩。该车辆撞击到的正是塑料隔离墩，撞击能量被犹如“注满水的塑料水桶”有效吸收消解，客车安全地“骑”在了塑料隔离墩上而免遭损伤。

但是，尽管柔性交通设施对交通安全事故具有预防作用、损伤减轻作用，这都是硬性设施无可比拟的，但长期以来的交通安全管理习惯却并没有能够将好钢用在刀刃上。绝大多数的交通安全管理工作者还是习惯于使用硬性交通安全设施，最后的结果只能是以生硬的设施和血的代价去警醒驾驶人安全驾驶、少出事故。然而，车辆在道路上行驶，有很多种原因会导致交通事故的发生，倘若没有交通安全设施来减轻事故伤害，无疑是令人遗憾的。

(2)交通安全设施产品的智能化一体化。

当前，智能交通安全设施正如火如荼地被推广应用，处于一个高速发展期，现代科学技术为交通安全提供了管理无处不在的可能性。智能交通的范围很广，应用实例也很多，包括：雷达测速技术的应用以控制车辆行驶速度；监控抓拍技术的应用以制止车辆违法行为；信息同步反馈技术的应用以保证车辆通行有序；实时跟踪定位技术的应用以监督车辆和掌握道路的运行情况等。我国的智

能交通应用,目前主要还是处罚、震慑、制止车辆驾驶人违法行为的辅助手段,并没有从根本上解决交通安全秩序问题。推广应用好智能交通,达到以预防事故、减轻损伤为主的目标,还需要更加深入地发展。

案例3:2013年,南京长江二桥高速安装了一套智能警示标志系统。该系统应用物联网技术,通过远程智能控制方式,可实现恶劣天气下的交通安全主动示警,为减少道路交通安全隐患提供了创新的技术保障方案。该系统运用了模块化主动发光交通标志和SIM远程智能信息控制软件等先进技术产品,构建了声、光、电一体化远程控制的道路交通安全隐患现场管理系统,填补了道路交通安全领域的技术空白。

应该认识到,交通环境中的道路主体本身具有复杂性,把复杂的道路交通情况进行信息化归类,然后加以管理,让管理信息很容易被人们识别并遵守十分重要。而交通安全设施产品的设置本身就是一种管理信息,其设置的科学合理性和智能化就更加重要。

(3)交通安全设施产品应用新能源新技术。

从道路交通安全设施的发展趋势上说,新能源产品中的太阳能、风能、LED技术已经非常成熟,其低压、超亮、环保的性能是其他能源无可替代的,更为重要的是它们使安全设施产品具备主动发光的条件,可以在恶劣天气或黑暗的夜间让人们远距离识别信息,是普通的反光材料、高压电源无法比拟的。应用太阳能的LED点光源,可以大大降低恶劣天气环境中交通事故的发生率。因此,目前我国普遍使用的反光材料交通标志牌、钢铁水泥硬基防护栏、高压大功率信号灯等产品,都有被高新技术产品替代的趋势。

案例4:南京市下关大桥,是典型的连续急弯、延长陡坡、视线不良的交通事故隐患点,2007—2008年两年间,交通事故频发,恶性翻车导致的人员死伤、车辆损毁成了一个治理难题。2008年底,经过分析,该桥大胆引进太阳能LED点光源产品,在全桥安装了太阳能组合管理标志、太阳能线形诱导标志、太阳能合流标志、太阳能指示标志共37套。这些产品具有用电简便安全、经济环保、安装快速、施工简单、点光源穿透性强、雾天可视距离远、主动发光从而可以在夜间满足交通环境中不同主体的可视性需要等优点。半年多以来,下关大桥的交通事故被明显遏制，车辆过桥的速度和通行安全性也大大提高。新能源、新工艺和新技术材料应用于新建道路交通安全设施中去，是解决城市交通环境“点多、线长、面广”的先进方法。

结尾语：城市新建道路交通安全设施的设计、设置、验收、管养是一项系统性工程，“安全”是保证道路通行效率和环境品质的最基本要求，而道路交通安全设施作为一种公共安全产品，其自身的品质安全更加不容忽视。因此，科学设计、创新方法、规范设置、严格验收、系统管养，要靠每一位从业者群策群力，共同提高管理技术水平。

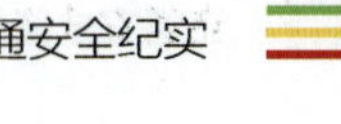

“人的城”：德国城市的慢行交通[1]

借参加2015年第五届“中德道路交通安全论坛”的机会，今年夏天，笔者对德国的柏林、科隆、法兰克福、慕尼黑四个城市的交通，进行了考察调研。

在笔者看来，最值得学习和分享的，莫过于各个城市精心打造的慢行交通的品质，实在可圈可点。

德国城市慢行交通环境中的路权、路况、路貌，无论人行道、自行车道、公交车道，都具备了充足且专享、考究且洁净、明确且清晰的特征，已达到了人们在慢行交通系统中追求的安全理念的升级版——舒适。

---

❶本文发表于2015年11月3日《东方早报》和《澎湃研究所》。

充足且专享的路权

首先,这些城市的慢行交通为使用者提供了充足且专享的路权。在这些地方,没有因街道的宽或窄,而对步行道、骑行道、公交车道忽略或舍弃,相反,优先保证了这三类通行权的足够道路容量。在路权的分配上,给予了慢行交通专属享用或优先享用的权利。

对于步行道,在所有街道范围内,都分配了专用通道,绝不与其他交通工具混行。步道系统中,根据盲人出行的实际区间需求,铺设了盲道,保障盲道的绝对通畅,而不是一味地在整条路铺设,却无法保证其畅通。步行道穿过街道的路口,信号灯杆均设置了兼具盲人触摸功能的优先绿灯通行感应器。

对于骑行道,一种方式是铺设彩色路面以实现专属享用;另一种是设置地面标记以实现优先享用。

步行道和骑行道在通过道路交叉口时,也进行了各自独立的渠化设置,从而避免了行人与骑行者的混行,如图 1 所示。

图1 专享路权的步行道和骑行道交通渠化

对于公交车道,一种方式是轨道公交在全封闭的道路区间运行;另一种是通过地面标线渠化,使巴士公交在专属或优先享用的道路区间运行。在一些较为狭窄的街道,还通过取消道路中心线的方式,保证了公交车在这样的道路上有充足的通行和停靠空间,如图 2 所示。

考究且洁净的路况

其次在于提供了考究且洁净的路况,这些城市的慢行交通系统,都精心设置

了以人的安全和舒适为本的道路设施。在几乎所有的行人过街路口，都进行了安全过街保护设计，并设置了相应的防护设施。较为狭窄的路口采用了二次过街方式，较为空阔或公交车运行频繁的路口采用了多次过街方式，如图3所示。

图2　狭窄街道公交巴士优享的通行和停靠空间

图3　二次过街路口防护设施和盲道设置

在一些行人经常过街的路口，采用了控制车辆通行速度的弯道或障碍物设置措施，消除所有的车辆驾驶员视线遮挡物体（树木、公共设施等），有时采用适度抬高过街人行道板的方法，通过一切可能的手段，避免车辆与行人之间可能的接触或碰撞。

在居民区出入口等限速较低的区域，左转弯进入的路口通常施以凸出的圆弧形路侧设计，在区域内使用高耐磨度的碎石铺设路面，通过设计和合理选用设施的形式，达到物理控制机动车辆速度的目的，从而保护行人的安全，如图4所示。

图4 左转进入低限速居民区的控速设计和碎石路面铺设

在部分夜间交通组织复杂的路口，指示行人过街等的交通标志，采取了在反光基础上增加外部或内部照明的设置形式，以提高交通参与者的远距离辨识能力和安全通过的可能。

在一些单行道的出口处，为避免驶出的机动车与驶入的非机动车交织，在有限的路口断面空间设置隔离岛，使两者可以各自有序通行并保障骑行者安全，如图5所示。

图5 单行道出口处的物理隔离和非机动车优享通行渠化

从随手拍摄的照片中，不仅可以感受到慢行交通环境对人的安全防护追求，我们还可以领略到路况的洁净和平实。在整个慢行交通路况中，根本不会有裸露的泥土，甚至明显经过多年使用磨损后的地砖，也扫不出灰尘。为了让行驶者具备良好的行车安全视线，街道两侧极少栽植树木，取而代之的是草坪。

明确且清晰的慢行交通语言

再者，这些城市的慢行交通系统提供了明确且清晰的慢行交通语言。这里把它们称作为路貌，是因为它们代表了一种道路交通文明的面貌。在包括我国在内的很多国家，以标志标线为代表的交通语言的设计和设置，往往仅顾及机动车行驶的需求，而忽略了行人和非机动车的需求，严重影响了慢行交通参与者群体的行为习惯。但德国城市的慢行交通语言非常丰富，并且通俗，容易识认，做到了应设尽设，如图 6 所示。

a)

b)

c)

d)

图 6　明确且清晰的慢行交通语言

在整个慢行交通系统中，公交换乘系统的快速站台通道、无障碍设计也值得一提。对于在街道运行的轨道公交，道路中间设置了可双侧同步换乘的站台，站台的防护设计也保证了换乘者的安全。火车站的站台采取的是简洁、快速、便捷的连续U形通道式换乘设计(图7),乘客通过大屏幕信息和智能终端选择车次,从一列车到另一列车,无须出站和进站,只需要在U形通道间短距离行进就可换乘,且购买车票也可在站台边或列车上实现。城市与城市之间通勤的长途巴士车站,则采用了半封闭广场加U形通道的设计,巴士车辆停靠在U形通道的地面浅下沉式凹槽车位内,乘客也能极为容易地实现换乘。

a)

b)

图7 便捷的U形通道换乘系统

在这样一个高品质的城市慢行交通系统中,城市交通的安全性能获得了极大的提高。以2014年为例,整个德国城市道路的事故死亡人数仅为983人,占全国交通事故死亡人数的29%。作为一个汽车大国,在德国,城市里绝大部分有车一族改变了在城市内上下班或家庭活动中驾驶车辆的习惯,选择慢行交通,享受城市工作和生活。

通过对德国城市慢行交通情况的直观感受和分析,可以看出慢行交通系统之于提高城市环境和生活品质的重要性。尽管慢行交通系统的设计并不需要高深的技术理论,设施的设置也不需要投入较多财力物力,但慢行交通系统如何做到精细化,还是需要一番扎实的研究。

城市的建设和发展,与道路、车辆的增长密切相关,而车辆的尾气排放、能源消耗、资源占用已经成为现代城市环境的负担。如何在"车的城"当中,精炼出一个高品质的"人的城",德国城市慢行交通系统无疑给出了一个很好的范例。

南京市快速内环路指路系统改造应用研究❶

摘　要:指路系统是沟通人、车、路的纽带,但目前存在快速路附属设施的指路系统不完善和更新相对滞后等问题,严重制约了城市整体路网功能的发挥。特别是老城区快速路通常是在原有的道路基础上经过长周期、分段式改扩建形成,对指路系统的设计设置很难兼顾周边路网的整体科学合理布局考虑,缺乏连贯性、系统性,直接影响快速路的通行效率和秩序。本文以南京市快速内环路指路系统改造为研究对象,通过分析南京快速内环线指路系统存在的问题,通过明确道路管理名称、规范指引路径原则、创新光学模式等措施,提出指路系统改造的方案。本文旨在为城市快速路指路系统改造和后期快速路指路系统整体设计提供参考。

关键词:快速路改造;指路系统;主动发光标志;功能改善

❶本文作者:邹礼泉、刘干,发表于2015年第3期《道路交通科学技术》。

引言

南京市快速内环路（以下称快速内环）始建于20世纪90年代，规划的“井”字形快速内环路，位于长江以南、绕城公路（二环快速路）以内区域，以新庄立交、古平岗立交、赛虹桥立交、双桥门立交4个互通立交为顶点，环绕南京老城主要区域，并放射状连接绕城公路。2014年“井”字形环线已基本成形，8条放射连接线（2条未建成）中，5条连接绕城公路，3条连接长江大桥、扬子江隧道（2015年通车）、南京长江隧道3条过江通道。快速内环线主线双向六车道，设计车速60km/h（南线高架80km/h）（图1）。

图1 南京快速内环示意图

一、快速内环指路系统现状分析

“井”字形快速内环路，只是规划上的概念，并未融入指路系统。快速内环指路系统是随着分路段、分阶段建设时在各交叉口设置了基本指引功能的指路标志，主要为单级信息指示。后期在使用过程中增加了部分以指示行驶车道行为的远程指路信息。但如此“打补丁”式的完善方式，造成指路系统混乱，路线识别、指引困难，直接影响快速路使用中的通行效率和秩序，也存在交通安全隐患。

快速内环指路系统问题主要是由于建设年代时间跨度大，没有统一的指路

系统设计规则，不同时期建设的路段设计标准、风格差异较大，缺乏连续性、系统性、整体性，直接影响了快速路系统长距离交通疏解功能的发挥。

1. 缺乏系统性设计

"井"字形内环概念未在指路系统中体现。南京快速内环均在原有城市道路基础上改造，因此道路名称也沿用了原有路名，但使用原有路名存在原有路名只能指示地面辅道，无法区分主线；原道路路段长度较短，全线一般由多条道路组成；新增高架、隧道，又增加了多个地名等问题。如内环西线，全长 14.5km，道路名称有 19 个，过多的名称使指路目的地难以取舍，难以整体体现。具体状况见表 1。

快速内环路名称、建设年代对照表 表 1

<table>
<tr><th>名　称</th><th>桥、隧道路</th><th>建成时间（年）</th><th>地面道路（含辅道）</th></tr>
<tr><td rowspan="13">内环西线（建宁路至油坊桥立交）</td><td rowspan="2">大桥南路高架</td><td rowspan="2">1999</td><td>大桥南路</td></tr>
<tr><td>盐仓桥广场</td></tr>
<tr><td>虎踞北路高架</td><td>1999</td><td rowspan="3">虎踞北路</td></tr>
<tr><td>古平岗立交南北跨线</td><td>1999</td></tr>
<tr><td>草场门隧道</td><td>1999，2014 改造</td></tr>
<tr><td>清凉门—汉中门隧道</td><td>1999，2013 改造</td><td>虎踞路</td></tr>
<tr><td>水西门隧道</td><td>1999，2013 改造</td><td>虎踞南路</td></tr>
<tr><td>集庆门隧道</td><td>2002，2013 改造</td><td rowspan="2">凤台路</td></tr>
<tr><td>赛虹桥立交南北跨线</td><td>2003</td></tr>
<tr><td>凤台南路高架</td><td>2003</td><td rowspan="4">凤台南路</td></tr>
<tr><td>凤台南路中段高架</td><td>2011</td></tr>
<tr><td>小行隧道</td><td>2011</td></tr>
<tr><td>油坊桥立交南北跨线</td><td>2011</td></tr>
<tr><td rowspan="7">内环北线（扬子江大道至东杨坊立交）</td><td rowspan="2">扬子江隧道支线</td><td rowspan="2">2015</td><td>定淮门大街</td></tr>
<tr><td>定淮门大桥</td></tr>
<tr><td>古平岗立交东西跨线</td><td>2009</td><td>模范西路</td></tr>
<tr><td rowspan="2">新模范马路隧道</td><td rowspan="2">2009</td><td>模范中路</td></tr>
<tr><td>新模范马路</td></tr>
<tr><td>玄武湖隧道</td><td>2004</td><td rowspan="2">玄武大道（新庄立交至东杨坊立交）</td></tr>
<tr><td>新庄立交东西跨线</td><td>1999，2007 改造</td></tr>
</table>

续上表

名　称	桥、隧道路	建成时间（年）	地面道路（含辅道）
内环北线（扬子江大道至东杨坊立交）	花园路高架	2008	玄武大道（新庄立交至东杨坊立交）
	王家湾高架	2008	
	环陵路立交东西跨线	1995	
内环东线（新庄立交至花神庙立交，红山路未快速化改造，未计入）	九华山隧道	2007	龙蟠中路
	西安门隧道	2007	
	通济门隧道	2007	龙蟠南路
	龙蟠南路高架	2004	
	双桥门立交南北跨线	2004	
	卡子门立交南北跨线	2009	雨花南路（雨花东路至雨花大道）
	机场高速连接线	1997	雨花大道
	花神庙立交南北跨线	2014	
内环南线（扬子江大道至大明路，东段未建成，未计入）	绿博园立交东西跨线	2009	应天大街
	应天大街高架	2004 中段，2009 西段	
	赛虹桥立交东西跨线	2003	
	双桥门立交东西跨线	2004	

2. 建设年代不一，系统性较差

指路系统的设计随着建设年代的不一，设计标准也历经了《道路标志和标线》GB 5768—1999、GB 5768—2009，《城市道路工程设计规范》CJJ 37—1990、2012 版本的更替，以及《城市快速路设计规程》（CJJ 129—2009）的发布等。而且不同年代建设的路段，均为独立设计、建设，缺乏统一的协调，造成设计理念、风格差异较大。

3. 指路标识形式单一，不能发挥应有的功能

仅有指路标志，设计标准普遍偏低，标志版面和支撑件的规格均过小。指路信息量偏少，重要信息缺失，后期对重要信息进行了不同时期和形式的增补，导致标志的视认性能、品质规格存在较大差异（图 2）。

4. 指示标识连续性差，标识遮挡严重

各快速路之间、每条快速路上下游路口、快速路主线和辅道指路缺乏承接和

连续。而且指示多仅为分道口单级指示，缺少预告指示。

图2 原指路标志

隧道入口等重要交通分叉点，各类交通设施密集，前后遮挡，失去指示作用（图3）。

图3 原东线隧道入口

二、改造方案设计思路

1. 明确道路管理名称

明确定义快速内环四条主线名称为：内环西线、内环北线、内环东线、内环南线（名称对应，见表1），吸收沿线的高架、隧道名称以及地面（主道和辅道共板段）主线道路名称。主要的高架、隧道名称保留，作为地名位置标识，以地名形式出现，弱化其在指路系统中的地位。这体现出“井”字形快速内环的概念，优化系统连续性的指路信息内容，强调行车路径的方向性。

2. 规范指引路径原则

(1)分别定义“井”字形快速路8个连接线的远端重要交通枢纽为标志性目的地,作为全线连续指示目标,增强驾驶员进入快速路后的方向感(图4)。

图4 远端标识目的地

(2)指路标志的排列顺序以前方目的地由近到远按照自左至右、自上至下的原则,每块标志三条信息,主线道路前方信息采用绿底、当前信息采用白底、辅道信息采用蓝底,以方便驾驶员快捷视认(图5)。

图5 改造后古平岗立交入口

(3)信息量较大的节点,远端重要信息不应缺失,在版面无法容纳时,以告示标志形式,设置单独的版面进行提示。

3. 增加指路标志信息量

(1)设置先预告、再指示的两级指路标志。快速内环线考虑到城市环境品质、工程造价等因素,多采用短隧道、跨线桥的形式,进出采用地面交织段形式,多数地面交织段距离仅为 200 ~ 500 米,无法实现二级预告,故选择单级预告,部分交织段距离较短的,适当调整预告标志和指示标志的间距、位置。

(2)预告标志设置形式,在地面道路采用长悬臂组合设置。高架道路由于没有大型标志杆件基础,无法增设大型标志,组合设置小型悬臂指路预告(图 6、图 7)。

图 6　长悬臂预告标志

图 7　高架道路短悬臂预告标志

4. 融入创新光学模式

此次指路系统改造中,创新性地大量应用了太阳能供电的 LED 主动发光道路交通标志，同时首次使用国家交通安全实验室开放性课题《主动发光标志发光像素视觉融性研究》成果，主要解决了以下问题：

（1）隧道之间的交织段较短，有必要在隧道内增设指路预告标志。快速内环隧道多数长度较短（500～1000米），一般不设光过渡段，虽然设有灯光补充照明，但在晴朗天气，隧道内外光照度反差巨大。驾驶人进入隧道时间很短，视觉对隧道内较暗环境没有适应时间，因此短隧道内设置普通反光膜指路预告标志，驾驶人的视认性很差。对于快速内环玄武湖、九华山两条长隧道，隧道内设有匝道分道口，指路信息不可缺少，由于驾驶人进入城市隧道（有照明）没有开车灯的习惯，而且该类标志只有在开远光灯的条件才具备良好视认性（城市有照明道路行车开远光灯属违法行为）。隧道内标志全部采用了LED主动发光技术，避免远光灯危害的同时保障了行车安全、提高远距离视认性（图8）。

图8 隧道内主动发光指路标志

（2）地面、高架道路指路标志中的主要交通节点信息，采用LED主动发光技术，降低城市道路周边其他光源对标志的识别影响，改善夜间和恶劣天气下的视认性，大幅提高动态视认距离，有效补偿了只有一级预告标志的不足，提升了道路通行效率和环境品质（图9）。

（3）隧道和高架组成的快速内环形成了较多的弯道、匝道，弯道的转弯半径较小，匝道的平面相交处车流量较大，交通高峰期、夜间、雨雪雾等恶劣天气下存在明显的交通安全隐患。对此，弯道处的线形诱导标志、匝道处的合流分流警告标志和双侧通行标志均采用了主动发光技术，结合使用卫星无线遥感同步信号

技术在弯道诱导标志实现有序连续发光，全天候的闪光模式大大提高了驾驶员的警惕性，有效减轻交通安全隐患、预防交通事故发生、提高通行效率（图 10）。

图 9　高架道路主动发光指路标志

图 10　弯道线形诱导和合流警告主动发光标志

5. 整合设置快速路入口交通设施

合理化调整综合门架、信息屏、交通标志的设置位置，复杂路段入口的地面增设文字标志线提示目的地（图 11）。

6.“瓶颈”绕行平衡路网负荷

针对路网中的瓶颈路段和节点，指路系统中体现绕行线路，提高通行效率，平衡周边路网通行负荷，挖掘道路资源，弥补道路不足。

如内环西线、内环南线西段往南京南站，原指示路线为路程较短的双桥门立交、卡子门立交一线，但双桥门立交西向南方向较为拥堵，而内环西线南段、油坊桥立交、绕城公路一线通行状况较好，距离略长于双桥门立交一线，为平衡路网通行负荷，将内环西线、内环南线西段往南京南站方向，在指路系统中安排向油坊桥立交、绕城公路方向，实现交通流引导意图（图12）。

图11 改造后隧道交通设施综合门架

图12 交通流引导

7. 预留出入口统一编号

为今后交通智能化、导航设备的应用，本次改造方案预留了出入口统一编号。

三、方案实施效果

依照如上所述设计方案，本项目一期已于2014年3月完成，一期完成改造西线10.6km、北线8km、东线13km、南线9.6km，占已建成快速内环里程的79.8%。

1. 道路运行情况

全市机动车保有量204.5万辆（截至2014年12月），较2013年同期增长

14.38%，快速内环年平均日交通量及高峰时段流量分别较2013年增加了3.15%、7.88%，平均车速，略有下降，平峰和高峰分别为2%和4.5%（按各路段长度所占全线的权重计算），见表2、表3和图13。考虑交通量增长因素，交通流运行状况有改善。

快速内环年平均交通量(单位:pcu)　　表2

路段		2014年		2013年	
		24小时流量	高峰小时流量	24小时流量	高峰小时流量
南线	应天大街高架	158540	10040	149650	9760
东线	通济门隧道	108757	6987	109952	6680
	西安门隧道	110731	7010	113306	6643
	九华山隧道	117866	7040	126845	7553
北线	玄武湖隧道	144551	10941	141832	10476
	新模范马路隧道	93915	6805	90629	6055
西线	虎踞北路	68548	5101	46198	2816

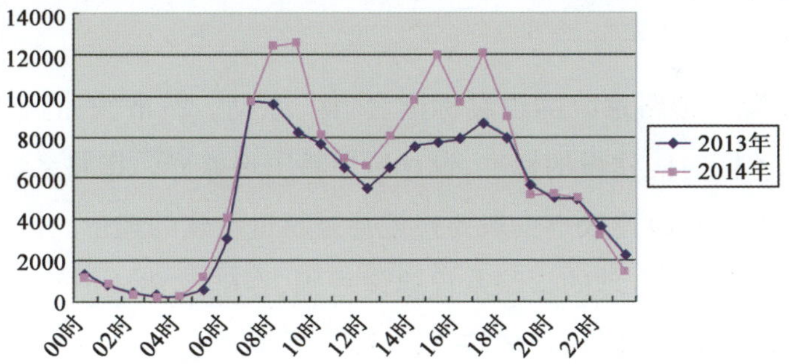

图13　典型断面24小时交通量(单位:pcu/h)

注:样本日期:2013.10.9,2014.10.15;地点:内环北线青石村。

快速内环平均车速(单位:km/h)　　表3

路段		平峰		高峰	
		2014年	2013年	2014年	2013年
内环南线		40.59	44.76	20.06	26.59
内环东线	通济门隧道	43.67	44.34	18.26	19.87
	西安门隧道	46.55	47.03	19.08	20.66
	九华山隧道	51.06	50.49	22.09	26.27

续上表

路段		平峰		高峰	
		2014 年	2013 年	2014 年	2013 年
内环北线	玄武湖隧道	50.47	51.23	19.25	19.83
	模范马路隧道	48.08	49.47	21.09	19.34
内环西线		50.21	49.76	28.06	28.01

2. 交通安全情况

改造前的2013年6—12月和改造后的2014年6—12月，较大事故起数和伤亡人数，在改造后分别下降7.69%、35.1%。

夜间行车安全情况，改造前后的2014年1月和2015年1月分别进行采样，晚间和夜间18:00—次日6:00，备案交通事故起数，在改造后下降15.12%。

快速内环在交通量快速增长的背景下，运行情况保持平稳，安全性得到较大幅度提高，尤其是造成人员伤亡的交通事故和夜间行车安全性改善明显，道路的管理水平、通行效率和环境品质均得到提升。

四、结语

(1)科学统一指路系统的设置标准、风格、原则。城市快速路建设周期长，时间跨度大，不同时间建设的标准、设计风格易出现差异。指路系统一旦建成改造难度就很大，而且改建成本一般要接近甚至超过重建的造价。因此，在快速路规划之初就应当设置合理的指路系统建设规则，在陆续建成的快速路中依照规划设计指路系统，形成连贯、合理的指路标志、标识系统。

(2)引入管理名称，解决整体性问题。管理名称，仅作为主线的统一命名，只用于指路系统中，辅道仍用原有道路名称，回避了更改现有地名的问题，现有地名与管理名称不冲突、不矛盾。实施之初与地名委员会进行沟通。

(3)隧道内指路标志以及其他指路标志中重要信息，采用LED主动发光技术，大幅提高视认性，并很大程度上弱化了反光膜的作用。此时如考虑工程造价，可适当降低标志反光膜的等级。

(4)以现行规范为基础，结合实际特点。短隧、短桥连接，出入口间距小，交织段距离超规范等。两级指引，近远点结合。地面增加目的地文字提示，与指路

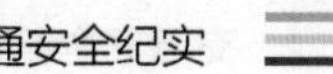

标志呼应。

(5)通过指路系统的设计,实现交通流引导的意图,平衡路网交通压力。

(6)合理利用现有资源。此类建成道路指路系统的改造受限制的因素较多,只能在有限空间内合理利用现有资源,同时考虑方案的优化,并且在交通功能、施工难度、施工期间的交通组织、景观以及与周围已有交通设施等方面综合分析。

南京市新型公交专用车道标志标线应用研究[1]

摘　要:近年来,我国城市人口急剧增长,机动车拥有率明显增加,城市道路资源十分紧张,拥堵已成为一种普遍现象,在相当一部分程度影响了经济发展和居民的生活水平。在这种形势下,大力发展公共交通、实现公交优先成为缓解道路紧张局面的必然选择,而公交专用车道的合理设置是实现公交优先的直接手段。本文以南京为例,系统介绍了一种新型公交专用车道标志和标线的设置,并分析了该种公交专用车道的应用效果。研究成果对这种公交专用车道在南京乃至其他城市的推广具有重要的借鉴意义。

关键词:交通拥堵;公共交通;公交专用车道;交通标志;交通标线

---

[1] 本文作者:邹礼泉、杨诚一、孙晓莉、刘干,2016 年 5 月获北京交通工程学会《道路交通与安全》有奖征文二等奖。

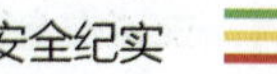

引言

作为改善公交运行状况、实现公交优先的有效措施,设置公交专用车道是应对城市道路资源紧张的有效途径之一,且具有投资少、见效快的特点,比较适合我国现阶段的国情。公交专用车道的设置不仅仅是“一条车道”的概念,除了设置相应的标志和标线,还应包括公交停靠站的配套设置,以及公交专用车道在路口和沿线出入口的合理安排等,以保证专用车道上公交车快速运行的连续性、低干扰性。

一、公交专用车道影响因素分析

1. 城市规模与布局

城市规模是影响居民选择公交方式的重要因素之一。随着城市范围的扩展,居民出行距离随之增长,出行方式的选择趋向多样化。其中,短距离出行主要以步行、自行车和电动车为主,中、长距离的出行主要以常规公交、地铁、轻轨和小汽车为主。多地的实践经验表明:采用公交专用车道以后,公交车的全线行程时间可节省40%以上。

2. 道路空间条件

公交专用车道的设置必须考虑到道路空间的约束。一般来说,设置公交专用车道的路段单向应至少具有两条车道,否则就要设置公交专用路。南京也有部分道路路段的公交专用车道的设置情形是,一个方向为一条公交专用车道,另一方向为一条公交专用车道和一条社会车道。此外,要充分利用道路的有效面积设置公交专用车道,在路口积极开辟附加车道,增加路口导向车道数量,提高路口通行能力。

3. 道路交通条件

公交专用车道的设置还应考虑其他车辆的交通需求和运行效率。设置公交专用车道时,首先应根据道路等级、道路状况、交通流特性等,从道路网络角度科学地进行交通组织,使之满足社会车辆的交通可达性要求。另外,还应遵循与道路交通运行情况相匹配的原则,满足路网整体的交通安全性与通畅性。

二、南京公交专用车道应用现状

从1996年至2015年,随着南京城市化进展、城市人口规模不断提高,同时在机动车拥有量迅速增加等因素综合作用下,道路交通需求总量大幅上升。在此背景下,南京市大力推进"公交都市"建设,公交专用车道的实施范围也越来越广。由于南京城市道路规划、建设、运行、维护采用由诸多部门负责的分割管理体制,公交专用车道交通管制设施的设计与设置存在一系列问题,具体包括以下四个方面:

1. 公交专用车道管理设施设置数量不足,地域分布不均衡

随着南京城市范围的不断扩大、城市人口的急剧增加,选择公交出行的人数也逐年增加,居民的出行数量和出行频率也在不断地增加。由于原有公交专用车道管理设施的老化或损坏,城市交通对公交专用车道交通管理设施的需要不断增加。例如,许多公交专用车道的交通标志标线老化、破损严重,标线模糊不清,与其他车道的区分不明显,导致许多社会车辆误入公交专用车道行驶。此外,南京公交专用车道交通管理设施主要集中在中心城区,无论设置密度和设施质量均高于外围地区。但随着外围地区城市建设的迅速发展、外围城市组团的完善和大型项目的拉动,许多公路已经变成事实上的城市道路,但外围地区公交专用车道的设置和相应的交通管理设施设置却跟不上居民公共交通出行需求的增长。这些都对公交专用车道管理设施提出了新要求。

2. 设置和安装不够规范,质量参差不齐

由于南京城市道路建设存在多头建设主体、多头规划设计主体、多头维护管养主体的分割,公交专用车道交通管理设施的规划设计和设置缺乏统一的标准。同时,在现行国家标准《道路交通标志和标线》(GB 5768—2009)中缺少对公交专用车道交通管理设施设计、设置、验收、维护的详细规范,使得各相关部门对国家标准的理解和执行存在较大差异。例如,在公交专用车道沿线的街巷或单位进出口处,如何规范其他车辆借道进出,国家标准 GB 5768 没有明确规定,导致对社会车辆违法占用公交专用车道行为的界定模糊,处罚上争议较大,最终无法有效保障公交专用车道的路权和公交车辆运行效率。

3. 缺乏统一的技术规范指导

目前,南京公交专用车道的设置执行标准为《公交专用车道设置》(GA 507—2004),但这部标准颁布年代较早,内容比较宽泛。《道路交通标志和标线》(GB 5768—2009)在公交专用车道部分的内容未有详细规定。2015 年底颁布的国家标

准《城市道路交通标志和标线设置规范》(GB 51038—2015)仍然仅规定了设置样式的原则要求,并无设置细则。城市道路路网密度高、沿线出入口较多、路况沿线复杂、交通流组成和相互之间的冲突较多、道路两侧绿化和设施对道路的影响较大,在公交专用车道的设置中,以上国家标准均在一定程度上缺乏针对性和可操作性,造成相关单位对国家标准中由各个城市自由裁量部分的把握不同,出现设计、设置和施工上的差异。例如,路口渠化车道是否设置公交专用车道?如何设置?国家标准没有规定,导致实际操作中做法不一;公交专用车道指示标志和地面标识等没有详细明确的规定,也导致实际操作中的样式和规格不一致。

4. 建设时代不同导致样式与功能不统一

由于南京市现有的公交专用车道交通管理设施是在不同的历史时期建成,有些设施没有得到更新,同一种设施的样式繁多、功能不一、表达的信息前后不一致、质量参差不齐,部分设置的安装不符合规范要求甚至缺失等。以上问题给驾驶人造成视认或理解困难,导致驾驶人判断和操作上的混乱,不利于公交专用车道的路权保障,也为交通安全埋下隐患。

三、南京公交专用车道交通管理设施地方新标准的实施背景和内容

为了规范和统一公交专用车道交通管理设施的设置,更好地指导规划设计和施工,提升道路交通管理水平,南京市于 2012 年到 2014 年组织编制了《南京市地方技术标准——城市道路交通管理设施设置规范》。该地方规范对公交专用车道交通标志标线的设置,根据南京城市道路交通特点和公交专用车道交通管理工作需要,对 GA 507—2004、GB 5768—2009 等国家标准进行了细化、明确和提升,具体如下:

(1)南京市地方规范中的公交专用车道线为黄色虚线,长度和间隔均为 4m,与国家规范保持一致。但该规范将标线宽度从 GB 5768 规定的 20cm 或 25cm 提高为 25cm 或 30cm,其目的是增强公交专用车道的醒目程度,尤其在夜间路灯照射下黄色标线与白色标线的颜色区分差异不大时,采用加大公交专用车道线与车行道标线的宽度差异,更有利于驾驶人的视认,减少误入公交专用车道的可能。

(2)在公交专用车道起点处施划黄色三角形过渡区。一方面有利于公交专

用车道的醒目性，另一方面也有助于引导来自横向相交道路的右转车辆顺利地汇入内侧的社会车道上，如图1、图2所示。

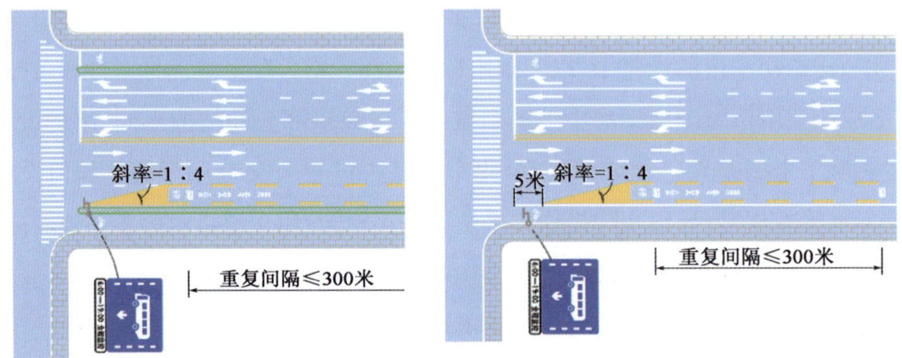

a）机非隔离绿化带或护栏

b）机非隔离标线

图1 公交专用车道起点处标志标线设置

a）白天

b）夜间

图2 公交专用车道起点处标志标线设置效果

（3）公交专用车道的路面施划公交专用时间、公交车路面图形标记和“公交专用”文字，见图3。每经过一个路口，上述路面标识重复施划一次。如路口间距不足300m，则在中途路口的出口道施划公交专用时间段和公交车路面图形标记。如路口间距过长，可重复设置公交车路面图形标记，重复间隔一般为300m，并与交通违法行为自动监测记录设施协调设置。

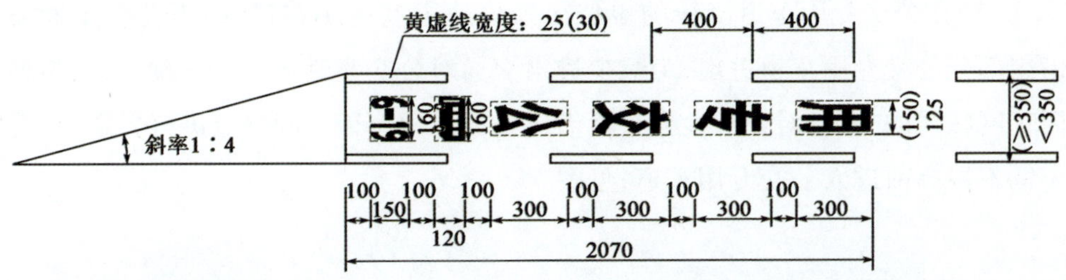

图3　公交专用车道细节尺寸图(尺寸单位:cm)

(4)在路口清楚界定允许转弯社会车辆借用公交专用车道的位置

当进口道有拓宽渠化且社会车辆右转专用车道位于公交专用车道的外侧时,为清楚界定允许右转社会车辆跨越公交专用车道,在道路展宽渐变段起点到进口导向车道线(白实线)端部之间采用施划简化网状线的方式设置交织段,允许右转社会车辆在该范围内变换车道,见图4a)。

当城市道路因条件限制无法展宽进口道时,南京市一般允许右转车辆借用公交车专用车道进行转弯。针对该种情况,在进口导向车道线(白实线)上游设置30~50m交织段,交织段内施划黄色网格线,允许右转社会车辆从网格线起始位置开始借道,并在进口道的公交专用车道内施划“社会车右转”白色文字。同时,在车道行驶方向标志上采用黄色字体注明“公交专用”、白色字体注明“社会车右转”来进一步标明该段车道的路权管制方式,见图4b)。

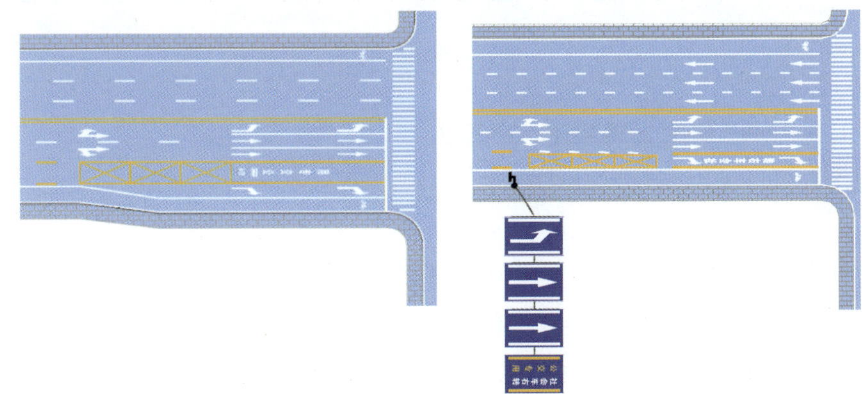

a)进口道展宽渠化　　b)进口道无展宽渠化

图4　公交专用车道路口进口道交织段的处理

(5)在公交专用车道沿线的单位出入口或街巷等小路口,由于社会车辆需借用部分公交专用车道进出,为减少进出交通对公交车辆运行的干扰,采用施划简化网状线的方式,对允许社会车辆借用公交专用车道的起终点进行界定,社会车辆不得提前进入公交专用车道,见图5。

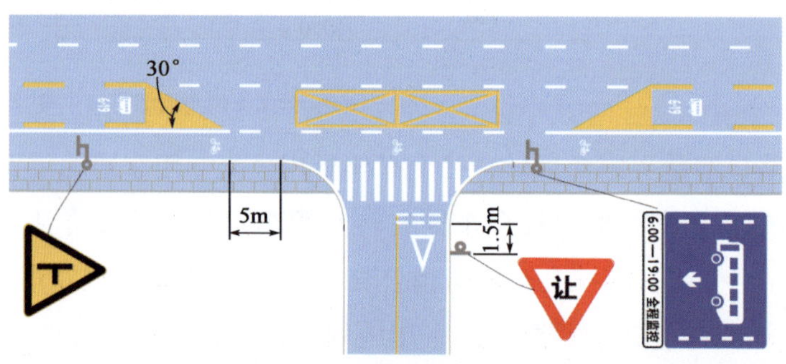

图5　公交专用车道在道路沿线出入口的处理

(6)当公交车专用车道为道路某一方向的唯一车道时,在公交车专用车道起点处施划公交专用时间段、公交车路面图案标识、“公交专用”路面字符,并在车道右侧设置公交专用车道标线,公交车专用车道在路口进口道的导向箭头为黄色,见图6。

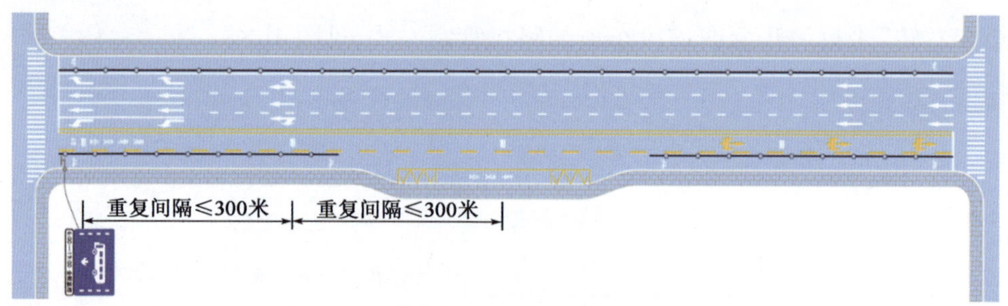

图6　公交专用车道为道路某方向唯一车道时的标志、标线设置

(7)通过在公交专用车道沿线和主要路口设置交通违法行为自动监视和记录系统,加强远程执法力度。在公交专用车道起点处配合设置公交线路专用车道标志,在标志下方的辅助标志中除标明公交车专用车道的时间外,增加“全程监控”文字予以预告说明。监控设置采用固定式和移动车载式,其中固定式监

控设施的设置密度为每 2km 左右一对。移动车载式监控设施通常安装于选定的公交车辆上，在公交车辆运行过程中自动抓拍。

四、案例研究

2015 年 9 月，根据南京新颁布的地方标准，对南京龙蟠中路(瑞金路—白下路)，长约 660m 的路段进行了公交车专用车道交通标志标线的提升改造。该路段的道路红线宽度为 65m，双向六车道，车道宽度为 3.5m。公交专用车道设在道路最右侧车道，双向各有一处路侧式公交停靠站。改造前的路面标线已磨损严重，模糊不清，已进入道路标志标线的维护阶段，见图 7。原标线采用的是 GB 5768 中的设置方式，见图 8；本次改造采用的设置方式见图 9。改造后照片见图 10。

图 7　改造前照片

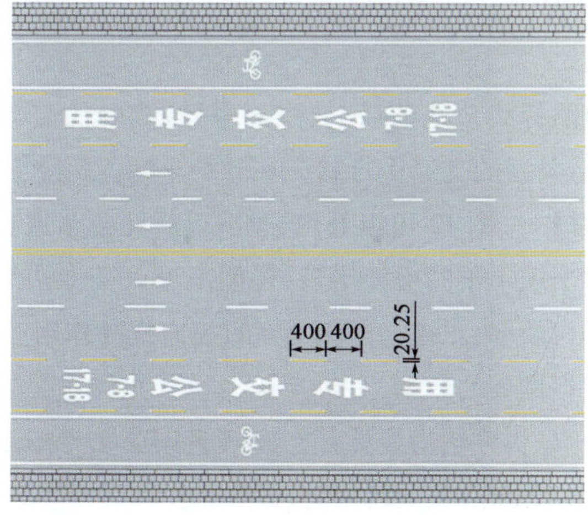

图 8　改造前标线示意图(尺寸单位：cm)

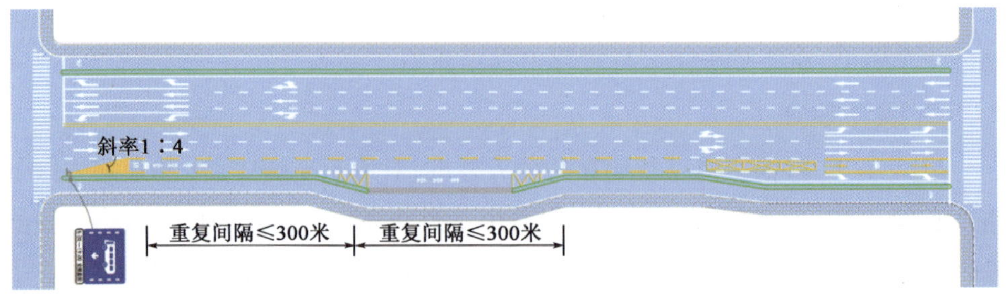

图9 改造后标线示意图

图10 改造后照片

本次研究在道路标线改造前后，分别对早、晚高峰的交通运行情况进行录像，以对比分析改造前后的交通运行状况和社会车辆占用公交专用车道情况，见图11、图12。通过图11、图12可以看出，改造以后社会车道和公交专用车道在高峰小时的流量均出现了不同程度增长，说明新型公交专用车道线的施划不但提高了公交车的运行效率，对社会车辆的运行也有提高作用。

本次研究还根据调查的数据，对改造前后社会车辆对公交专用车道的干扰程度进行对比，对比分析方法为统计社会车辆占用公交专用车道的频率和行驶长度进行累加，见图13、图14。其计算公式如下：

$$D = \sum d_i$$

式中：D——高峰小时社会车辆占用公交专用车道的行驶总长度/总次数；

d_i——第 i 辆社会车辆占用公交专用车道的行驶长度/次数。

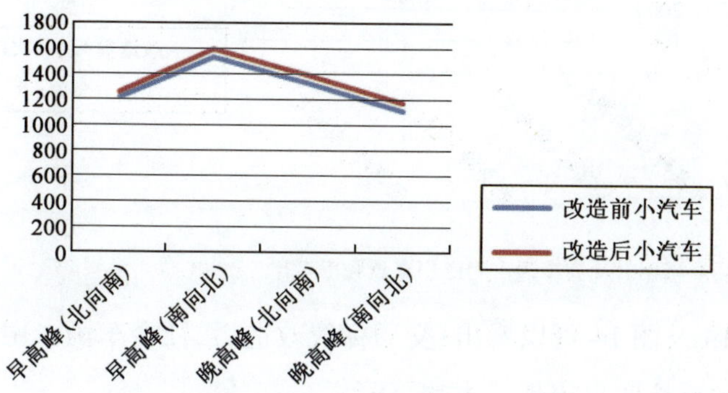

图 11　改造前后小汽车高峰小时流量对比

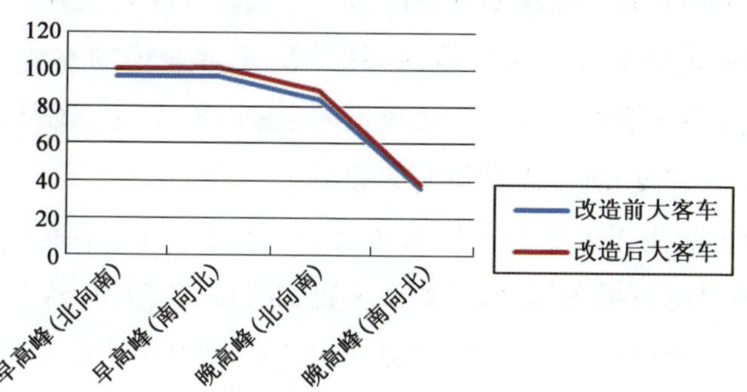

图 12　改造前后大客车高峰小时流量对比

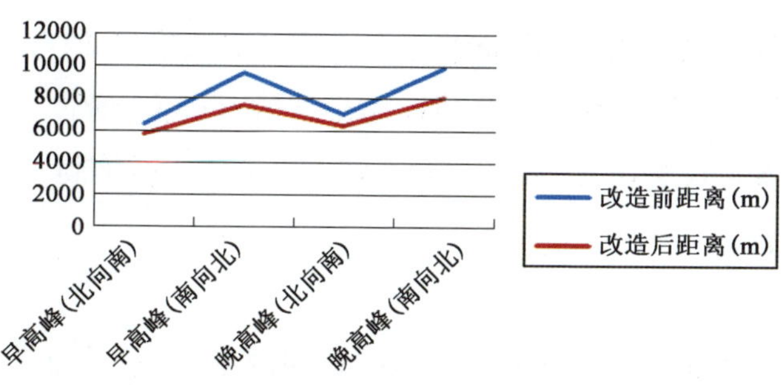

图 13　改造前后高峰小时社会车辆占用专用车道行驶距离对比

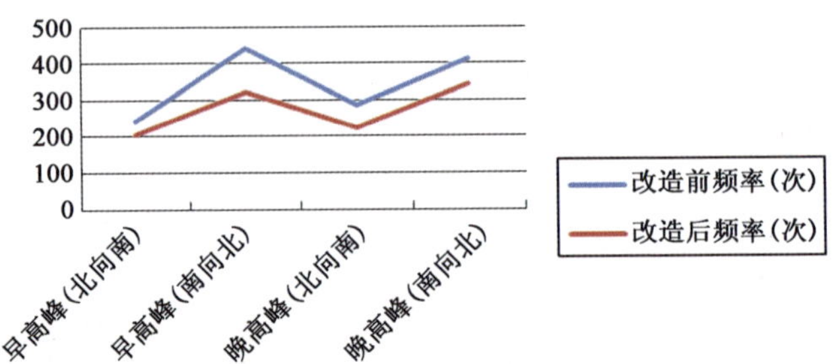

图 14 改造前后高峰小时社会车辆占用专用车道频率对比

通过图 13 及图 14 可以看出,交通标线改造后,社会车辆占用公交专用车道行驶的频率和总长度也出现了大幅下降。

通过改造前后的对比发现,公交车辆和社会车辆的交通运行情况均有所提升,同时社会车辆交通违法现象有所改善。分析其可能的原因,主要包括:

(1)原有的道路标线年代久远、磨损严重,看起来模糊不清,易引起驾驶人的混淆,导致社会车辆误入公交专用车道的现象时有发生。另外,因小汽车和公交车的限速不同,容易进一步发生交通拥堵。

(2)新型标线采用了更宽的标线宽度,在公交专用车道起点处和沿线出入口采用更加醒目的新标识,新型路面文字更加醒目、清晰,有利于驾驶人视认、判断和采取适当的驾驶操作行为,同时也减少了不必要的交织,提高了道路交通运行效率。

(3)改造后公交车和社会车辆的限制速度和路权划分更科学、明朗,增强了交通标志标线作为交通语言的清晰度和作为交通执法依据的权威性。

(4)在科学、合理、清晰设置交通标志标线的基础上,通过交通违法行为自动监测记录系统的配套设置,社会车辆驾驶人更遵守交通管制规则,大大降低对公交车辆的干扰。

五、结语

本文首先分析了设置公交专用车道的影响因素,然后分析了南京市现有公交专用车道设置存在的问题与症结,阐明了南京市新型公交专用车道地方标准出台的背景与细则,最后以南京市龙蟠中路为例,对比研究了公交专用车道改造前后的交通运行情况和交通违法现象,研究结果表明南京新型公交专用车道标志标线能够大幅减少社会车辆对公交专用车道的干扰,有效提高道路通行效率和交通秩序。本次研究结果验证了新型公交专用车道标志标线的先进性,对于南京市推广实施新型公交专用车道,以及对其他城市公交专用车道标志标线的设置有着重要的意义。

参考文献

[1] 史春华, 杨晓光, 曾松. 城市公交专用车道的设置与设计[J]. 城市轨道交通研究, 2000.

[2] 朱超, 张玫. 城市公交专用车道设置研究[J]. 海峡科学, 2007.

[3] 南京市地方技术规范. DB 3201/T 256—2015 城市道路交通管理设施设置规范[S]. 2015.

雅西高速调研：需要重视云端之上的交通安全[1]

出成都市向西南，沿 G5 京昆高速，经雅安、石棉，约 4 小时，即可到达西昌。其间山重水复、云雾缭绕、逶迤绵延，与难于上青天的蜀道川藏线、国道 G108 线相互交织，成就了一条世间闻名的绝美云端高速路，如图 1 所示。

这条西南交通运输快速大通道，在被打通的同时，也引得无数旅游者驱车而至。揣着对西游记中的流沙河、红军长征的大渡河、美丽的彝族风情的向往，牢记“让交通更安全”的使命，我驾车自成都奔雅安，进行了一场实地考察。

在一处分流匝道口的前方，驾驶员忽然来了个紧急刹车转向动作，源于职业的敏感，我迅速发现前方的交通标志存在视认隐患。我打开手机抓拍，影像被清

---

[1]本文发表于 2016 年 5 月 30 日《澎湃研究所》。

楚抓取到，若干个（超过 12 个）并不清楚的标志信息上方，是一块大大的红底白字配有电话与地址的“成都神康癫痫病医院”广告牌（图 2）。我随即编辑了“高速交叉口，癫痫病患者易发处，驾驶人自己注意安全！记住送医电话和地址！”推送在微信朋友圈。

图 1　雅西高速与国道 108 线交汇

图 2　匝道口的广告牌

点赞评论者不少。但这条“高速癫痫系”并没有像“百度莆田系”那样成为网络话题。

在高速公路如此重要的位置，却有如此不清晰的交通标志，并和如此夺人眼球的广告组合在一起。从地面大量的刹车痕迹，就足以想见驾驶员产生信息视认错乱，导致交通事故的可能性很大。

此行的目标是雅西高速，或许，这仅是一个不安全的前奏或插曲。

雅西高速的交警

在沿线的锅底凼服务区，我遇到了正在安全隐患排查工作中稍事休息的四川省公安厅交通警察总队高速公路支队雅西高速三大队的交警，短暂交流后，随同中队长王锐一行勘察了干海子大桥。这为我此行调研补充了一些故事与数据。

自通车之日起，他们就没日没夜穿行于石棉县境内的双向 130 公里高速，一个弯道、一座桥梁、一条隧道、一个上下坡，甚至路侧的一草一木，都被深深印记在他们的脑海。从与他们的交谈中，笔者发现，生命在某时某处的终结、伤亡者亲人的呼号，都让他们心头沉重。而这份保障安全的使命，旁人很难知晓。

笔者从事交通安全研究，长期与公安交警一起开展工作，对交警的生活比较熟悉，但雅西高速交警的工作生活状态，仍然让我吃惊。该交警大队驻扎在高速公路沿线，交警的妻儿老小一家住在高速两端的城市。交警每个月仅能回家一次，逢年过节或旅游旺季，要与高速公路相伴。我从锅底凼服务区一名经理人员的口中得知，就在去年，一个年轻的民警选择自缢，他再也无须为家庭与工作的难以兼顾而忧郁。

雅西高速将大自然的绝美身姿展现给世人，但通过交通安全从业者的眼光，它也是给世人的一个不一样的拷问。

交通安全风险

雅西高速几乎集聚了全世界所有高速公路的交通安全风险特征。

特征之一：弯弯相连，连续坡道，险象环生。雅西高速全线穿越于崇山峻岭之间，整条道路基本沿着最有利的地形地貌设计和修建，曲折蜿蜒或大或小的弯道连接在一起，如图3所示。

图3　长下坡与弯道路段

以拖乌山路段为例，海拔高度起点约2400m、终点约900m，其间落差达1500m，相当于500层高楼的高度。该路段呈S形盘旋上下，连续下坡长度达51公里。对高速行驶的载重货车而言，长下坡是导致轮毂过热、突然爆胎和制动失灵的最重要因素，一旦遇到险情，往往车毁人亡。

为了避免伤亡事故产生，道路利用有限的地形设置了一些避险车道。这些

避险车道起到了关键性作用：短短的双向130公里内，每年就有十几量载重货车冲上避险车道。在不具备设置条件而缺失避险车道的路段，出了问题，驾驶员就要面对猛烈的撞击或翻腾，后果不堪设想。

弯道与坡道之间，一个又一个新的视线区不断切换。除了偶尔出现一些并不尽合理的危险警告标志外，只能依赖驾驶员注意力的集中、经验的充分以及对地形的熟知来保障安全。对过境车辆而言，能够凭借的可能仅有幸运。

特征之二：桥隧相连，气候无常，如履薄冰。除了穿山越岭，雅西高速还跨越青衣江、大渡河、安宁河等水系和12条地震断裂带。全线桥隧比高达55%，有桥梁270座，其中特大桥23座、大桥168座；有隧道25座，其中特长隧道2座、长隧道16座。而其中连续长下坡51公里的拖乌山路段，桥隧比更是高达近80%！

倘若天气晴好，桥隧路段无疑是一道道迷人的风景画。然而，雅西高速具有夏秋季雨雾和冬春季冰雪多发的特点。据高速交警三大队最近一年的统计，该双向130公里辖区内最低气温低于0℃的共62天，其中32天降雪，降雪时间持续最长为7天，最低气温为－12℃。在刚刚过去的冬天，发生了109起交通事故。因冰雪气候引发事故导致的交通管制就多达30余次，更有200余次需依靠警车带队才能使车辆缓慢通行。

看着这些惊人的数据，“天梯高速”“云端高速”的绝美概念，也蒙上了一层阴影。

不仅如此，部分隧道里被磨损的、近乎镜面状态的路面（图4），时而遭车辆淋水。车灯照射下弥漫着寒光，让人不敢想象，是否还能行驶到长达2公里、3公里，甚至超过10公里的泥巴山隧道的尽头，去面对又一个未知的气象与路况。

图4 接近镜面状态湿滑的隧道路面

特征之三：战略通道，横风肆虐，防不胜防。由于川藏线和108国道艰难险阻更甚，作为西南大通道的雅西高速，自通车之日起，就成了一条川流不息的生命与物资运输线。平均每天约8千辆的双向通行量，其中5座以上客运与货运车辆占比高达约70%。在著名的干海子大桥，以及一些山谷间的桥梁上，常出现无法预料的横风，足以让车辆在防不胜防之间倾覆或发生碰撞。

2013年5月19日，风雨交加，一辆往成都方向行驶的重型货车，于15时50分在干海子钢架桥桥头不明原因发生侧翻，车上一人当场血肉模糊，事故发生的路段如图5所示。横风过后，雨天视线不清，弯道与下坡交织，这样的事故风险源难以预测，万一出事，最终只能由驾驶人和其家人自行承担后果。

图5　事故发生的危险路段

缺乏必要的交通安全防护设施，无法得到及时有效的事故救援，这些特征显而易见。同时，这还是一条科技示范路，沿线布设了由新能源带动的温度、湿度感知信息系统，但是对于恶劣天气下的交通安全管理，它们并没有太大的作用。在沿线多变天气条件下，逆光、雨雾、团雾、冰雪多发，尤其路面会生成薄薄的黑冰，倘若能通过科技设施及时感知到这些灾害信息，同时创新技术手段去主动预防，一定会使交通安全管理工作再上一个台阶。

双向130公里辖区的三大队交警向我提供了一组该辖区的事故统计数据：2013年共发生事故236起，死亡3人；2014年共发生事故193起，死亡15人；2015年共发生事故314起，无死亡事故。

这分明是20来个交警放弃正常生活，用时间和生命赛跑换来的结果。尽管事故的发生起数有增无减、形势严峻,但他们只能用最原始的办法日夜守护公路的安全。在蜿蜒的高速公路上,时常需用破旧的反光锥筒进行长距离的隔离,逐渐把两股车道压缩成一股,实现人为预防。

我告诉他们,这样简单的办法,属于道路交通安全管理中的向空间要时间、向时间要空间的学问,行之一定有效。但面对更多的危险特征、更长的危险路段,他们没有办法在速度管控、视认改善、信息感知、防滑耐磨、消能防撞、时空交互等方面,实行更为长效合理的技术措施。

高速公路交通安全管理是一个技术活。雅西高速的交通安全管理,更是一个错综复杂的技术研究项目。笔者唯有呼吁有关部门重视高速公路的交通安全管理现状,把交通安全设计和设施设置提高到更高的科技层面,把道路建设设计和交通安全设计区分开来。

New Cognition

of Traffic Safety

交通安全管理

道路交通安全 无死亡不是梦
——交警陈清州的梦想可以实现[1]

无意中,我翻阅《人民日报》,今天(2011 年 4 月 13 日)第 6 版题为《陈清洲点亮乡村路》的文章吸引了我的注意。报道讲述的是厦门市集美区灌口镇交警中队长陈清洲从交通安全设施和交通安全现实教育入手,解决交通安全事故问题,赢得了成功和爱戴。出于神圣的职责和使命,为了更多的人和家庭不再因道路交通安全事故而使生活支离破碎,我想为这样的话题再次敲打键盘。

交通出行和交通安全,与全球 60 多亿人息息相关。然而,这个世界上少有因为交通安全而闻名于世的名人和企业,宽广的大道事业却成了被人们遗忘的

[1]本文写于 2011 年 4 月,发表于中国交通技术网。

角落。从 1950 年美国华裔科学家董祺芳博士研发出玻璃微珠定向反光材料，到 1968 年美国 Rowland 兄弟发明并专利注册微棱镜反射技术，再到美国 3M 公司以反光膜产品而称霸于世界交通安全业，人类为道路交通安全事业而做出的贡献屈指可数。如果不是这个行业内的精英或员老，又有几个人能够如数家珍地去叙述我们的交通安全发展历史？

在我的文章《中国交通安全产品的沿革与发展》被百度文库收录，其他一些零零散散的文章见诸媒体或网站的时候，我总是想着能够引起更多的关注和共鸣，而激励自己为了全人类继续贡献我的思考。可是每当我看见这样或那样的道路交通安全事故见诸报端，我又为我不能把自己的思考更快更广地付诸实际而愤慨。现借陈清洲先生的梦想：“报道中说，他对女儿说：‘爸爸刚来的时候，亲眼看到一个中年男子死于一起交通事故，造成了孤儿寡母。爸爸很难过。从那时起，爸爸心里就有了个梦想：在爸爸的辖区内再也不会有人因交通事故而死去。’他为他的行动说哑了喉咙、走烂了 27 双鞋子。”再次谈谈我对道路交通安全的看法。

其一，不要把道路交通事故归结到交通环境中“人的素质”太低。

经常有人认为，交通安全很难管，老百姓的素质太低。这点我本人很不同意。要知道，人是这个世界上最具思维能力的高级动物，但也是自然界的简单生命，而生命需要自由，这一点是所有生命的共同习惯。人的最原始的“喜欢自由”的习惯是没有什么素质高低之分的，而是当组织、阶级、国家、科技发展之后，人们共同的自由习惯妨碍了一部分人不同的习惯，而被指责为素质低下或另类。当然，时下的交通安全秩序确实要靠人的高素质和自觉性去维护，说白了就是要让更多的人养成遵守交通安全秩序的习惯。没有好的习惯，就不要去谈素质。而习惯是要养成的，是要一点点一天天去引导的。如果靠教育、靠宣传、靠法制就能够养成优秀的习惯，那么人类的文明是很容易形成的，但事实却并非如此简单。

举个例子，在一个孩子的成长过程中，如果他的家里、学校、小区都没有垃圾桶，而有一天你说他不把垃圾扔进指定的垃圾桶，是谁的责任呢？他的素质过低，他又是否有过养成高素质习惯的机会和条件呢？再联想到交通安全的管理也是同样,缺乏到位便利的道路交通设施去引导人们养成过街、开车的好习惯,又如何谈起让人们面对突如其来的道路和车辆剧增而遵章守法。在一些发达国家的城市街头,我们经常可以看到护栏把不允许过街的路段隔离,仅仅留出斑马线或安全过街的路口供行人通行。这样,等人们养成了过街的习惯之后再撤去,也就形成了高素质的文明。

在交通安全的管理思维上,我们是否可以想象:设施引导规范,规范养成习惯,习惯造就素质,素质带来文明。

其二,道路交通事故应当建立向政府"问责"的机制。

道路交通事故的发生,交通主体中的"人"是主要因素,由于"车"是由"人"操作(真正因车辆自身失灵导致的交通事故所占比例较小),也可以归结为"人"的因素,唯有"道路"不能被"人"所操控(这里所指的是交通主体中,而不是交通管理中的路)。一旦出了交通事故,人们往往第一想到的是倒霉和自责,第二想到的是抓紧认定事故双方谁对谁错,第三想到的是保险公司赔偿,极少或根本不会想到道路设施的设置是否也有责任。显而易见的是,人、车、路共同组成了道路交通环境,交通事故的发生与三者都有关系。为什么会出现人们不去向道路(道路的建设和管理者是相关部门)问责的问题呢?

(1)道路上的交通安全设施需要投资,而投资需要收益的维持。安全设施投资好像没有什么收益,真正受益的是出行的人们。这样的投资又是一项长期较大消耗性开支,容易使道路交通管理者望而却步。我们的人民交通警察尽管知道交通安全设施的设置很重要,但是苦于没有资金来源,有计不可施。为人民服务只能是在事故发生后全力以赴。

(2)在我们的国家,有很多个道路交通安全产品国家或行业标准,却至今没有一个正规的道路交通设施设置标准或法律。关于道路交通设施,只是在道路交通安全法里给予了篇章,但这些篇章没有规定道路交通设施应如何设置,以及必须设置成什么样子。倒是对破坏道路交通设施有严厉的打击和处罚规定。说实话,没有哪个开车的人希望自己出交通事故,而出交通事故就有可能涉及破坏交通设施,人身财产受到了损失,还要对损坏的交通设施加以赔偿。保险公司也要跟着进行理赔。可惜的是,目前保险公司根本没有想到通过与政府合作,从源头治理,避免交通事故而减少赔偿损失。个别保险公司只知道向有关部门报告车辆保险是亏损的这一现状,然后提高车辆的保险费用去弥补亏损。道路交通设施出了问题,只有政府向事故责任人或保险公司问责的机制,却没有向政府问责的机制,是时候改变一下了吗?

(3)道路交通安全的宣传教育不够全面。普通的老百姓对道路交通安全知识的掌握多半局限于什么样的行为是违法,什么样的行为是错误,而对关系自己生命财产安全的道路交通设施的知识了解很少。在这样的状态下,很难让老百姓因为道路交通设施的设置不到位而去向有关部门问责。即使哪个安全隐患路口或路段没有设置警告、防撞、标志、信号等设施,也不会要求管理者承担相应责任。

没有处罚的法律形同虚设,而没有问责机制的交通安全管理形同虚无管理。

其三,道路交通设施必须兼顾交通环境中所有不同行为的主体。

设置道路交通设施最初的出发点是保护驾驶机动车辆的人。本文开头提到的交通安全行业的知名人士和企业所研制的反光材料,是一种定向回归逆反射材料,在车灯的照射下(也必须和仅仅是在车灯的照射下)会产生反光,为驾驶员提供道路信息。而在道路交通环境复杂多变的今天,行人、非机动车骑乘人、不具备良好灯光条件的机动车的驾驶人、复杂的道路、恶劣的天气组成了一个庞大的复杂的交通环境。要想交通环境秩序井然,必须要让道路交通设施能够服务于上述的所有主体。据我从事这个行业多年的经验判断,事实上道路交通设施还不能做到这一点,而只是为具备良好灯光条件的机动车辆所设置。

这里有一个事实,据美国交通部联邦公路局统计:每年重大交通事故25%发生在弯道或其附近;弯道交通事故死亡人数占总交通事故死亡人数的比例为25%;弯道发生交通事故的概率是其他道路发生交通事故的3倍!除了弯道之外,平面交叉路口、夜间、恶劣天气下发生的交通事故,几乎可以涵盖其他交通事故。

另一个事实是,交通事故发生概率高的路段或路口,道路交通设施的设置通常严重缺乏或不够科学合理。例如:普通的反光材料制作的交通标志在夜间或恶劣天气下会失去对除机动车辆驾驶人之外的人的可视性;交通信号灯被高高

地挂在空中,需要去仰视才能发现它,到了路口如果被遮挡,则只能跟随前车行驶;大量的钢筋水泥构造的交通设施,一旦碰撞可能导致车毁人亡;黑暗的路口没有一个清晰可见的警示设施,稍不留神就会走错路……

其四,道路交通安全设施必须自身"安全",才能保证别人的"安全"。

道路交通安全设施的设置,其诉求的最大功能应当是保障人们的交通出行安全(无论是否发生事故,都应当有这样的功能);诉求的第二功能是规范交通行为,促使道路畅通;诉求的第三功能是提升道路品质、美化环境。考虑到如此重要的功能,设施自身的品质和结构安全尤为重要。如果它一碰就碎裂,不碰也用不了几天就自然损坏;如果它不能让人一目了然地判断何去何从;如果它会加剧碰撞力使得撞击的车辆面目全非;如果它在这条道路或这个城市是这样的面貌,到了那条道路或那个城市又是另一种截然不同的面貌。试想,它是保证了安全,还是影响了安全?

这篇文章写到这里,一幅幅触目惊心的交通事故画面又映入我的眼帘,一个个因为道路交通事故而支离破碎的家庭又浮现我的脑海。我们国家的经济在高速增长,我们国家的基础建设投入在逐年递增,然而我们却在道路交通安全的治理上严重缺失。我又在想:我们的信号灯一定要用又高又长的悬臂挂在空中吗?是否可以省下钱用立柱的方式,去多增加些信号路口呢?是否可以让信号灯对于交通出行的所有主体清晰可见?我们的道路交通标志是否可以把主动发光式推广到更多路段,让更多的人在恶劣天气或夜间清晰地看见自己的方向?我们的道路交通标志是否可以把道路沿线更多的如厂矿、学校、公园、地理位置等的信息标记进去,减少问路、绕道而导致不必要的燃料和道路资源浪费呢?我们的防撞设施是否可以更多地安装在弯道地段,减少交通事故发生时的损伤?我们的交通管理者,是否可以出台一部关于道路交通设施的法律法规,去约束自己的管理行为呢?我们的保险公司,是否可以把道路交通设施纳入保险范畴,从源头上减少道路交通事故的发生,减少理赔呢?我们的人民,是否可以多关心和支持道路交通安全事业的人呢……

道路交通安全事业,说是事业,可是还有很长很长的路要走,还要很多很多的人关注,还要很多很多的人士和企业有所成就。或许,本来不需要很长很长、很多很多。

陈清洲中队长的梦想是“辖区内再也不会有人因交通事故而死去”,报纸上说这是一个梦想,也不为过,因为导致交通事故和死亡的原因确实很多。而我相信,道路交通设施的完善可以让更多的人不会因为交通事故而死去!终有一天,中国乃至世界的人们不会因为道路交通安全设施的不到位而死去。这不是梦想,这是可以实现的目标。

交通信号灯与标志标线是城市交通管理的基础
——解读公交管〔2016〕230号文件

《关于推进城市道路交通信号灯配时智能化和交通标志标线标准化的通知》❶

近期，全国各城市的公安交警部门大范围地开展了针对城市交通信号灯、标志、标线存在的各类问题的排查与整改（简称：三项排查与整改）工作。其依据是公安部公交管〔2016〕230号文件中的通知："全面排查道路交通信号灯不符合标准、配时不科学、自动化程度不高、设置不规范和交通标志标线不符合标准、不明确、不充足以及群众看不见、看不清、看不懂等突出问题。各地要坚持边查边改，发现一处整改一处；一时不能整改的，要制订计划，加强部门协作，逐步推动问题整改到位。"内容共包括1个通知和5个附件，给出了时间、质量与数量的任务目标，算是一个事无巨细、面面俱到的指导文件。表象上是抓设施的建设与

❶本文发表于智能交通世界网和《智慧交通》2016年7月刊。

管理,实质上可以理解为迫切希望一锤子夯实城市交通管理的基础,这个基础就是安全与秩序。

是什么原因让公安部这般正式地出台了这样一个类似“禁止随地大小便”的红头文件,而且仅仅是针对交通参与者司空见惯、看上去没有什么技术含量的信号灯和标志标线呢?依笔者看来,是饱受诟病的城市交通事故与拥堵问题,倒逼一直处于被动管理“末端”而满大街周而复始奔波不停的公安交警,重新去思考如何通过工程技术手段,让相关法律法规、标准规范能够被理解并应用落地,建立一个真正意义上的智能交通系统,缓解“末端”之痛。

这里有必要再普及一下,《道路交通安全法》第二十五条规定“全国实行统一的道路交通信号,包括:交通信号灯、交通标志、交通标线和交通警察的指挥。交通信号灯、交通标志、交通标线的设置应当符合道路交通安全、畅通的要求和国家标准,并保持清晰、醒目、准确、完好。”还有国务院国发〔2012〕30号《关于加强道路交通安全工作的意见》第十三条规定“严格落实交通安全设施与道路建设主体工程同时设计、同时施工、同时投入使用的‘三同时’制度,新建、改建、扩建道路工程在竣(交)工验收时要吸收公安、安全监管等部门人员参加,严格安全评价,交通安全设施验收不合格的不得通车运行。”

尽管如此,这样的法律法规条款在现实中却统一不起来、执行不到位。总结归纳主要原因如下:

其一,城市板块扩张和路网建设速度过快,缺乏精细化规划和设计,往往哪条道路通车就顾及哪条道路,并不考虑新通车道路对周边道路的影响。交通管理设施的设置与道路实际的通行效率不匹配,对交通参与者无法形成硬性的规则约束力,对通行秩序和安全无法形成高效保障。

其二,城市道路项目存在多头建设、多头规划设计、多头维护管养现象,现行的相关国家和行业标准,很难对复杂情况下城市交通的组织设计、工程、验收、管养方面给予具体指导,需要人们自行去理解运用。理论上讲,交通组织设计应当区别于道路工程设计,犹如家居装修设计不同于房屋建筑设计的道理一样,前者是一种功能性细化组织,而现在的城市交通组织,是跟随市政道路工程设计与施工同步完成的。这就使得很多道路都执行了标准规范的设计,但根本无法满足

通车后千变万化的出行需求，产生诸多的矛盾与冲突。

其三，城市交通管理部门和设施工程企业的专业程度不高，缺乏专业的研究指导和实施指导。很多城市的交通警察支队与交通管理局，两块牌子一个班子，并没有实质性的交通工程师职业技术管理体系。几乎所有的设施工程企业都是作坊式经营，专业技术和设备能力不足，技术创新滞缓，既不能满足品质要求，更不能担当智囊角色。在城市交通管理中，设施企业是末端中的末端，可以说，没有实力强大的企业就无法确保管理意志的最终落地。两个末端，都有着极大的专业与实力提升空间。

剖析原因可以看出，城市交通管理既是一项综合性、边缘化的专业技术活，又是一项必须要把产业链条上各个环节统一起来的管理活，需要把末端的症结反馈给前端，用前端的智慧规避末端的问题。最重要的就是要进行科学合理的交通功能组织设计，并且持续优化，维持一个动态有序的通行效率目标。这其中，交通信号灯、标志、标线的三位一体同步配合，是重中之重。

对于三项排查与整改文件中给出的一系列的可行性方法，加以理解并实施到具体的工作中，完全能够达到标本兼治的功效。下面就文件中的亮点逐一分析理解：

亮点一，明确创新工作机制，通过政府购买社会化服务，培养专业队伍。以往新建道路的交通设计图纸审查，道路使用中的信号灯配时、标志设置、标线渠化，都是由公安交警内部配置工作人员完成的。这些工作人员并没有脱离公安警力保障与执法的本职，基本上属于半路出家业余学习，在不断实践中摸索经验。而国际通行的做法是，专业的事情交给专业的团队去做。交通管理职能部门只需要提出管理量化目标和组建专家成员，剩下的事情可以委托专业的咨询、设计、生产、施工、监理等企业去实施，最终对实施结果进行量化指标和效果评价验收。这样的创新支持术有专攻，明显区别于传统的眉毛胡子一把抓的做法，对公安交警部门而言无疑是一次显著的减负和增效之举。同时，文件中特别提到了与大专院校、科研机构组建专业技术小分队，而没有提出这样那样的资质要求，也是从政策上更加倾向于启用具有顾问咨询能力的人。

亮点二，创新性地把标志标线融入智能交通系统，明确交通组织功能性设计

概念。在我国城市交通十多年的高速发展期间，智能交通得到了最快速的技术提升和大量的投资。但事实上，当前的智能交通还局限于信号灯、取证设备的功能性应用，距离效能性应用还有很大的距离。很多智慧、智能交通概念下的城市，连最基本的指路标志都是不连续、不清晰、不完善的。很多交叉路口，规范行人和非机动车的交通标线缺失、错误、断裂现象层出不穷，标志语言或有或无，行人和非机动车信号灯视认不清、方位不对、形式错乱时而有之。原本智能交通需要建立在安全的通行环境和良好的通行秩序之上，但是长期以来两者是分节脱离的，标志标线设置未被智能交通系统建设所容纳。开展严谨缜密的交通出行需求调研，结合区域路网结构特征，提出综合效率效果的提升改善目标，对道路、路段和交叉口实施功能性规划设计并进行工程性改善，是保证城市交通有序、安全、畅通的有效手段。

亮点三，通过建立示范路、示范区，出台结合不同城市特点的交通信号灯、交通标志标线设置和应用等方面的具体规定，形成长效机制。这个亮点在于把技术标准化与示范应用研究结合在一起，鼓励不同地理特征、文化环境、经济水平的城市制定和修订适宜本地管理需求的地方标准，更加直接有针对性地让“多头管理”现象得到相对统一。近年来，深圳、南京、苏州、济南等城市根据交通发展形势，由公安交警部门牵头、质监标准部门配合，及时制定和修订了地方标准，值得借鉴。

亮点四，广泛向社会搜集意见，全方位听取交通参与者的意见建议，这是一个显著进步。在城市交通管理工作中，有两个需求不可忽视，一个是交通参与者对出行安全舒适的需求，另一个是交通管理者对交通工程品质的需求。前者需要个体的声音反馈，后者需要企业的创新能力与责任担当。而这两个方面长期以来被城市交通的管理者、专家们所忽略，个体和企业成为末端中的末端。交通管理链条上的任何一个端点，都应当被给予话语权，这样才有可能建立一个共同的目标并实现它。

亮点五，梳理细枝末节，引导应用技术创新。附件 1 中提到了“增加和优化多时段配时方案，大力提高单点信号控制方式的效能。推广信号自适应控制、线协调控制和区域协调控制。”附件 3 中提到了“标志看不清的，采用新设置技术，

提高夜间、逆光情况下的标志视认性。”自反光膜应用于交通标志以来，这几乎是由交通管理部门首次公开提出标志看不清的环境状况包括夜间和逆光，应当采用新技术。

亮点六，规模、系统、持续的排查与整改，是一次利用全面交通管理设施基础数据建立数据库的绝佳机遇。广州交警在这方面早已经走在前面，开发应用的互联网+大数据运维管理软件，保证了对全市信号灯、标志标线的实时动态运行状况的掌控，大大提高了管理效率。

三项排查与整改所涉及的问题，均是多年积累欠下的城市交通旧债，公安交警部门在实际的操作中依旧会遇到这样那样的困难。需直面的困难有：整改的资金需要立项申请，道路多头归属的管理方需要协调，社会化服务的专业基础薄弱需要培育，在创新过程中需要有相关标准依据和容错机制，传统管理模式中产业链条的各方利益者需要博弈等。根据笔者对很多城市的调研，要在三项排查与整改规定的时间内按照质量标准完成全部的量化任务，涉及范围之广、人力财力物力投入之大是惊人的，最终的整改质量和收效，尚不乐观。

不积跬步，无以至千里。一个个看似不起眼的小缺陷、小故障、小缺失，就是一个个可能导致交通事故或制造交通拥堵的大隐患、大问题、大困难。如果城市交通的每个角落都精心地做到精细化、精致化，使交通出行者在安全上有保障、在方向上有指引，道路的运行效率一定会大大改善。在交通工程学原理中，教育、法规、能源、环境与交通工程息息相关，科学合理的交通工程系统，既能够反映交通管理者的教育和法规意志，又具有节能减排的社会效益，一举多得。最后，寄希望于这样一次高级别、大范围的三项排查与整改工作，能够务实、创新、落地、持续，给城市交通管理工作水平提升和环境改善一个有力的推动。

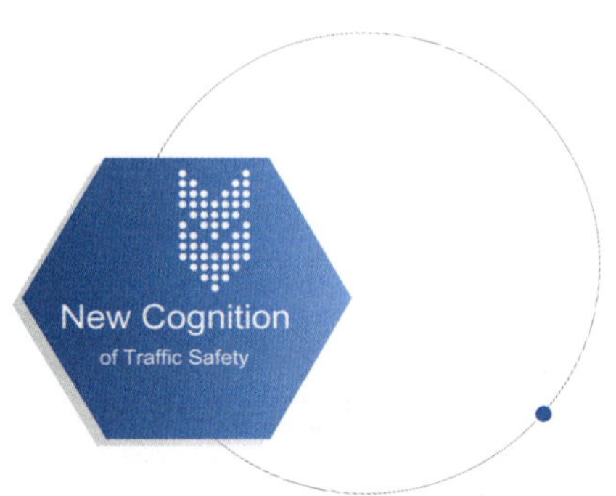

用“防御”终结道路上的悲剧[1]

根据世界卫生组织于2015年5月6日公布的信息，我国每年超过20万人死于道路交通事故，连续10年排在世界第一。如此巨大的死亡数字之外，还有着不计其数的人身伤害和经济损失。面对发达的道路交通，国人的生命财产却随时面临着可能的飞来横祸。

每一个在车祸中死亡的生命背后，都是一个家庭的支离破碎，每一场车祸，都直接或间接地影响着国家和人民的生产生活秩序。人的生命只有一次，降低车祸危害，最大限度地保障人的生命安全，应当如同防御战争与自然灾害、防范疾病与犯罪一样，成为当务之急。

---

❶本文发表于2015年10月5日新华网思客。

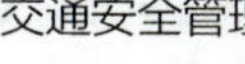

丢掉“运动式”交通管理模式

防治车祸之患，首先要丢掉假、大、空的阶段性“运动式”交通管理思维和手段，建立一个真实的道路交通事故生命伤亡和财产损失数据统计模型，向社会公开真实数据，制订出更加清晰明确的目标任务，促使各级道路交通管理职能部门认识到责无旁贷。

自2004年《中华人民共和国道路交通安全法》颁发实施以来，相关部门在提升道路交通安全管理水平方面陆续采取了多种形式和方法。某种程度上，每年降低的交通事故统计数据，并不一定是真相，却为交通安全管理目标提供了一个虚拟的支撑点。基础数据不实，导致管理目标空泛，带来的结果是交通事故频发的状况仍然得不到改善。

在真实交通事故数据缺失的情况下，人们常常是采取亡羊补牢之策。最为显著的是，一旦某地或某个时间段发生了一起或多起群死群伤交通事故，立刻会催生“运动式”交通管理思维和手段。例如：对几个交通管理责任人撤职处理，紧急召开电视电话会议，掀起一场针对某项交通安全隐患的整治行动，如此这般已经司空见惯。这样的治理模式往往是治而无果，同类型的各种交通事故依旧会层出不穷。

人治、法治与技术处治

防治车祸之患，就是要树立源头防治意识，创新防治技术和方法并形成强制性标准规则，消除可以预见的道路交通事故，减轻不可预见道路交通事故发生时的损伤，形成可持续的科学创新的防治管理机制。

车祸的发生，与构建道路交通系统的四大要素——人、车、路、环境均有关联。同时，人、车、路、环境每一个要素本身都存在着差异，因为差异又构成了各自不同的系统。从这个意义上讲，防治车祸，就是要消除人、车、路、环境在道路交通中存在的隐患，从源头上防患于未然。

经过系统的梳理可以发现，人治、法治、技术处治是通常采用的三种手段。人治，是指通过对人的各种教育、宣传，让道路交通参与者自觉自发地谨慎出行，实现道路交通安全治理效率的提高。法治，是指通过立法的形式，约束道路交通参与者的行为规则，使用具有威慑力的处罚条款实现道路交通安全的管理效力。

技术处治,是指通过建立一个科学系统的创新技术方法,实现道路交通安全管理水平的提升。技术处治涉及多种形式、多个学科,能够全面地对道路交通系统中人的防护、路的品质、车的性能、环境的状况进行持续改进。

道路安全隐患的治理是一项系统性工程。道路交通事故发生前,可以创新采用主动预防的技术措施。针对道路交通事故发生的过程,可以通过预判分析以往同类事故发生的特征,设置能够消除能量、减轻损伤的交通安全设施。道路交通事故发生后,除获取正当的车辆保险理赔外,应当同时调查了解道路交通设计、施工、设施设置、验收、管理等环节是否存在违法行为,如果存在违法行为则应当举证并追究责任。了解道路交通事故发生前、发生中、发生后各个环节技术处治的目的和具体方案,尝试把"不惜一切代价"救治和赔偿道路交通事故死伤所花费的人力、财力、物力,提前用到道路交通事故的技术处治防范上,这是道路交通安全管理工作的趋势和长期任务。

弱势群体往往是交通事故的高发群体

防治车祸之患,还需要站在交通参与者中相对弱势群体的角度去制定管理政策和采取技术措施。交通环境中的弱势群体,往往是交通事故的高发群体,有很多也是交通事故中的无辜受害者。切实有效地降低弱势群体的交通事故发生概率,对道路交通安全管理来说可以起到事半功倍的效果。

就共同的交通环境而言,不同的人有着不同的道路通行需求,需要合理地给出不同的道路品质,才能够达到道路交通资源分配的相对平衡,以保障秩序。当有限的道路资源偏向于某一种需求时,其他的需求就会受到挤压侵占,被挤压的一方也就自然地要去争夺更多的资源,这就是专家们经常谈到的路权分配问题。路权分配不均等、不合理,直接导致交通秩序混乱,埋下交通安全隐患。在一个安全都得不到保障的环境里,人们根本无法养成管理者所期望的良好习惯和素养。

我国有超过3000万的货车驾驶员,他们从事着高危职业,承担着我国物流总量75%的运输工作。漂泊在外,抛家离舍,风餐露宿,无冬无夏,没日没夜,前不着村、后不着店地行驶在各条公路上。每一个夜幕降临,每一次风雨雷电,每一处险要路段,都让他们面对可能发生事故的考验。他们没有话语权,不懂道路交通设计和技术理论，出了事故唯有靠保险补救损失，是弱势的“脚夫”群体。对于这个群体，文明和素养早被生存的压力和劳累所埋没。

在我国广大的城镇和乡村，几乎所有的村落和社区里都有着深受车祸之害的家庭，或破，或病，或贫。俗语说天灾难免人祸可避，车祸是伴随人类经济发展而衍生出的有害产物，但是完全可以通过科学系统的管理措施进行预防和避免。瑞士、瑞典、德国等发达国家已经提出交通事故零死亡的目标和具体措施，并取得了死亡率降低的成效。在我国的经济总量、车辆拥有量、道路里程数均位于世界前列的当下，我国人民的生活发达程度较之过去已经显著提高，政府和人民理应追求一个更加安全的生产生活环境，道路交通领域也不例外。减少和避免道路交通事故，需要尽快在科学的系统中创新治理。大幅度提升我国道路交通安全管理水平，才能让人民实现一个更加幸福和谐的中国梦。

冒险停车折射群体之痛
——置交通安危于不顾之外的思考[1]

一起驾驶员王某将大货车停靠在杭新(安江)景(德镇)高速硬路肩为幼子做蛋炒饭的事件,被新闻曝光之后,成了罔顾生命与漠视法律的笑料,同时也让更多的社会大众跌破眼镜。一方面,这种极容易诱发交通事故而害人害己的低级错误行为,在甚嚣尘上的国人交通素质低下论面前,无疑是一个最好的佐证。另一方面,这起货运途中蛋炒饭的事件也诱发出一个极其沉重的货运职业与家庭生计的话题。

维持一个家庭生计的方式有很多种,安定地住在一起,愉快地从事一份职业,是家庭生活幸福的根本。而像这样载上老婆孩子,带着锅碗瓢盆、柴米油盐,

---

❶本文发表于2016年6月15日《中国交通报》交通新闻评论,获三等奖。

在滚滚车轮之上以车为家的,在我国道路货物运输线早已经司空见惯。新华社《特别关注》栏目于2015年12月28日播发了《3000多万货车司机生存状况调查》,其中的痛点:一是竞相压价,市场混乱;二是多头执法,雁过拔毛;三是"潜规则"里层层扒皮;四是"变形金刚"拿命开车。这些现状迫使承担全社会货运任务四分之三以上、在车轮之上讨生活的特殊群体——全社会的"搬运工",采用"夫妻档"同甘共苦、没日没夜、风餐露宿,而这几乎是维持生计的最好方式。

自改革开放促进我国经济增长以来,买一辆货车跑运输成为城乡家庭致富的热门行当,跑货运的个体户层出不穷。至2006年交通部发布《道路运输从业人员管理规定》,我国道路运输从业资格体系基本形成,随之从业者连车带人挂靠到运输企业名下。但其自力更生的谋生方式并没有实质性改变,反而多出的"份子钱"加重了艰苦奋斗的程度。加之多年以来恶劣的生存状况与交通安全环境,他们夜以继日年复一年在重负与危险中驱车谋生,如果说安全保障,那也只能是在交通事故导致伤害后的保险赔付。究竟应当为货运驾驶员提供一种什么样的职业生存环境,世界上的其他国家均有成熟的经验可以借鉴,无须赘述。

我国货运车辆交通事故高发,伤亡人数巨大,形势异常严峻,其中货车司机的行为素质低下是一个不争事实。货车司机行车途中不顾安危停车"蛋炒饭"的事件只是一个看似偶然的个案,其折射出的却是整个群体麻痹的交通安全风险防患和法律意识。要改变这一现状,从职业管理体系、车辆运维水平、交通工程技术、交通产业模式等问题源头上去改革和创新,是当务之急。

交通安全治理之我见[1]

近段时间，南京的交通安全状况不够太平，可以用“一朝出事天下知”去形容。

最先是张明宝的江宁酒驾，国人皆知，一时间大街小巷的夜晚四处可见交警查车。

然后是渣土车事故频发，少则一两个、多则三五个惨死在车轮之下，于是渣土车成了众矢之的、过街老鼠。

6 月 30 日那天，又是江宁，一辆面包车逆道行驶与卡车相撞，5 死 4 伤。自此在我的印象中江宁出名缘于这样一些事情：房价涨了，抽九五至尊的被抓了，车祸

❶本文写于 2010 年 10 月。

多了。

10 月 9 日的合宁高速浦口段,水泥车与大客车相撞,17 死 23 伤!

等等,等等,数不胜数的交通事故忧患猛于虎矣。

针对这样多的道路交通事故,上至公安局,下到交警中队,据我工作的便利所知,重视的程度、治理的手段、运用的人力财力物力不可谓不多。然而,交通事故依然抬起它高昂的虎口,吞噬着犯错或无辜的人们的生命。

原因在哪里呢?

车多?刚刚发布的年机动车增长量达到 1700 万辆,是造成交通事故高居不下的罪魁祸首?

漠视?是人们漠视自己的生命,驾驶员们技能低劣、玩忽职守导致交通事故频发不断?

路差?是我们的交通基础建设的投入太少,路况不能满足通行的正常需要而无法避免交通事故?

仔细想想应该都不是。机动车辆增多是社会发展进步的一个风向标,人类文明就应当从刀耕火种走向以车代步。人的生命只有一次,没有人会真正把自己的生命当成儿戏,大家都知道"手握方向盘、脚踩鬼门关"的道理。我国的高速公路从起步到建成五纵七横网络,都是以高质量、高投入为基本要求的,亚行、世行为此没有少批贷款,恐怕鲜有几个国家能用中国的速度建设高速公路及至城市道路。

作为一名交通安全的从业者,我曾有过上书部委的壮志,也有过斗胆给地方领导写谏言的纪实,更有过无数次的实际结合理论去引导行业的发展。只是余生之力恐怕也无望再有更大成就,唯有把浅薄的见解著于自己的一亩三分地。

我呼吁:

其一,道路交通安全法自 2004 年 5 月 1 日颁布以来,大量地用在了"治人"上,而忽略了"治路、治管"。提起驾驶人或行人某种行为触犯了某条法规、该处罚多少钱、记多少分,主管的交警和被管的驾驶员几乎熟知于心,犯了也多半是明知故犯。可是,在提到什么样的道路应当设置什么样的和如何设置交通安全设施,交通安全设施产品的国家标准、行业标准是如何规范的,道路的设计者、管理者、使用者有时却一问三不知、哑口无言。然而,在道路交通安全法里,有着大篇幅的明文条规,几近有令无实。通过硬件设施改善交通文明,与通过住房改善生活文明的道理是相通的。强烈建议我们国家在现有的法律基础上,再行实施一个道路交通设施设置法,去宣传告诉人们:“没有扶手的楼梯是不能投入使用的,扶手不牢固的楼梯更是会增加危险的!”

其二,把恶劣天气条件下的道路通行当成一个课题,用最短的时间去研究并实施。千万不要只会封路、只会预警、只会救灾。我们知道,有效有序的通行会提高通行速度、优化交通秩序,封路致堵、预警致急、救灾致乱。很多情况下,比如雾天,如果能够给车辆有引导性的可见标识,是可以使车辆实现缓慢匀速通行的。再比如下雪天,很多车辆具备雪地驾驶的条件,驾驶人也会小心翼翼地有序行驶。而我们的交通管理者呢,为了避免交通事故,甚至是少担责任,有时直接一封了之。先是堵,然后是开闸大放,急躁的车辆一拥而上加速奔跑,可能反而增加了事故风险。

其三,把降低运输成本尤其是道路上的通行成本落到实处,最好是像控制房价一样出个“国百条”去控制道路运输的成本价格。不要整天只责怪超载了、超员了、超高超宽了,要知道跑运输的驾驶员大多是没有多少文化的“机猴子”,跟他们讲道理的唯一前提条件是让他们能够守规矩也能挣到钱。作为汽车兵出身的我,身边有很多跑运输的朋友,我深深地知道运输驾驶员不是一个好差事,拿着命去挣钱,现实往往还挣不到钱。在企业界有一句很流行也很受追捧的话叫作“第一桶金都是讨巧的”,虽然比较激进,但从另一个角度讲,为什么我们只要求最苦的驾驶员们恪守本分、言听计从呢?他们不是不知道违法的代价,但是他们更加知道亏本无以维生的痛苦。

其四,把物流运输的公共交通系统建立起来,像客运公交一样无处不在、随时便民。为什么我们的生活环境中黑车、三轮车、各种各样的人力车多而无治呢?是因为它们有需求!这个需求叫作便利。而我们的交通管理者,注重于抓、管、罚,也应该从源头上去建立一个体系。据我所知,早在十年前,上海市就建立了一个“交运便捷”物流运输系统,只要老百姓一个电话,物流车辆会像出租车一样开到家门口,街上也可以招手即停。从那个时间起,上海的交通管理体系建设就走在了全国的前面，无论是客运公交、物流公交，上海都支撑起了一个文明交通的构架。

在交通的世界中，交通安全和道路畅通是要靠文明的硬件和软件共举实现的，不理顺源头而头痛医头、脚痛医脚，只会不停地转移疼痛，最终疾患缠身。

如何疏通城市“血管”[1]

在我国以往30多年的高速经济发展中，最有代表性的当属于城市化规模得到了显著提升。当大量百万级、千万级人口规模的城市建设完成之际，事故频发、秩序混乱、车辆拥堵成为横亘在城市交通管理者面前的现实焦点问题，部分城市的人大代表、政协委员的提案中，此类问题占据了约50%的提案总量。尽管城市交通问题的恶化得到了高度重视，但是在以房地产和小汽车发展为导向的城市规模迅速扩张过程中，城市交通发展长期处于战略性缺失状态，相比较人口、房地产、小汽车的超前增长而言，交通组织规划和设计的重要性被疏忽，导致面对

[1] 本文发表于2015年9月17日新华网思客。原文《新常态下，如何破解城市交通难题》发表于2015年9月14日《澎湃研究所》。

当下的城市交通问题，管理者在很多时候会感到束手无策。

近年来，我国处于重要战略发展机遇期，国家战略性提出适应经济发展新常态，创新宏观调控思路和方式，破解经济社会发展难题。当下的城市交通难题，是道路交通快速建设中各类矛盾的交织，是若干个大大小小的人、车、路、环境之间相互不匹配症结形成的系统病变。一方面，依赖于通过道路基础设施的增量建设，缓解城市人口、汽车和房地产增长的压力；另一方面，依赖于追求道路的通行速度建设，提升城市交通的运行效率。这是传统的保持经济快速增长的惯用手段。当城市人口和汽车的总量达到一个峰值水平时，粗放式的道路基础设施增量和速度建设目标，不仅仅没有缓解压力和提升效率，反而带来的是交通安全隐患丛生、交通秩序混乱不堪、通行效率低下的难题。这些难题，已经严重影响城市生活和环境品质，也影响到社会经济的正常运行。

经济发展进入新常态，意味着过去惯用的大扩张大建设的增量调控手段已经一去不复返。用新的思维和方法在既有的城市存量规模空间里调控，破解城市交通难题并恢复正常的生活生产秩序、改善城市交通环境品质，是新常态下城市发展的重要任务。

宏观方面，应当确立以安全为核心原则、以效率为中心任务的城市交通可持续发展战略目标。

现代化城市中，地面、轨道、隧道、桥梁共同组成了错综复杂的道路路网，非机动车辆、机动车辆、轨道交通车辆共同组成了形式多样的交通工具，道路状况、交通设施、地物地貌、气象条件等共同组成了交通环境，它们共同服务于不同的交通参与者——“人”，这也就是交通学者们常说的构成交通系统的四大要素。通过对交通系统的拆分不难发现，是人的活动需求催生了车、路、环境，人也是车、路、环境的唯一使用者。人的生命只有一次，满足并保障人在交通系统中的安全，必须是车、路、环境供给中最基本的核心原则。相反，失去对人的安全考究的交通系统建设，是任何一个交通发展战略中不可饶恕的责任性缺失。对照当前我国城市万车死亡率是发达国家十几倍的现状，险象环生的车况、路况、环境状况，是过去追求建设速度、行驶速度的时代留下的安全债，城市交通决策者和建设者们有着不可推卸的责任。因此，以安全为核心的原则，应成为新常态下城市交通发展的基本法则。

城市与交通之间,相互依存而成为一个不可分割的整体,两者的和谐、协同发展能够直接表现出城市管理水平。自古至今,驿站、车站、码头是人群集聚的场所,随着集聚范围的逐步扩大而有了城市的雏形。纵观我国古丝绸之路上的城市,以及今天的上海、香港、新加坡、吉隆坡等国际化城市,交通越是便捷通达的地方,城市的规模就越大,繁荣程度就高。由此可见,交通的发展先于城市的发展,高效率的交通是带动城市发展的火车头。也由此推断,在城市建设中也应当把保证交通效率当成重要战略去规划和设计,而不是建造了大量的楼房、引进了大量的居民才回过头解决成为瓶颈的交通问题。恰恰相反的是,我国在过去的城市建设年代,受限于经济快速增长的需要,一味地用增量建设的方式追求速度,而不是最有效地使用交通资源满足交通参与者的需求。长期追求高速度的发展,却最终结下了拥堵、效率低下的恶果,留下一笔太大的效率债。还城市一个高效率的交通系统,应当是新常态下城市交通发展的中心任务。

微观方面,应当制定以秩序为管理规则、以便捷为规划纲领、以品质为设计理念的战术方法,通过行之有效的交通管理创新、交通组织优化、交通设计标准化等措施,确保战略目标的实现和保持。

一是交通秩序的规则建立,要敢于打破传统的管理思维,学习借鉴同类同等发达国家城市的经验,结合自身交通问题的实际状况去其糟粕留其精华,做到以人为本。事故频发、秩序混乱、车辆拥堵,这三大交通难题的根源都与交通参与者(人)对交通规则的理解和执行紧密关联。就像:斑马线仅限于行人通过,行人必须从斑马线过街;非机动车应当在路段和路口有连续的通道;机动车辆通过路口时应当减速行驶,并确保在安全的情况下通过等等。这些近年来受关注日益增多的路权分配问题,都是最基本的交通秩序规则。也只有这些简单、基本的规则得到遵守和执行,城市交通才会秩序井然、焕然一新。偏偏是这些以人为本和有益于人的规则,没有得到人的遵守。于是乎,一些悲观者给出"中国人的交通素质低下"的结论,以表现出对交通管理的无奈和无能为力。素质低下论者,他们忽略了一个最基本的逻辑:交通参与者的素质源自于交通行为习惯,习惯源自于规则的长期约束和养成,规则需要软件和硬件同步落地。在各类交通参与

者混行的城市大大小小路段路口，很多时候只是给出了教育和处罚的规则，殊不知还需要硬件技术的完善，才能起到真正的约束作用而养成长期习惯。打破传统的管理思维，真正以人的安全、舒适为本，以欧洲友好街道为样板，注重长期持续的教育引导和硬件方法创新，必将实现一个新的秩序常态化。

二是要全面实施城市交通组织优化，通过提纲挈领的全局路网规划，营造便利、快捷、高效的交通环境。在城市交通的快速建设期，基本上是街巷道路、主次干道、快速路、立交桥、高架桥、隧道、新区、地铁、轻轨、车站、机场……一段段、一条条、一片片地修了建建了又修。若干年下来，各种性质的道路路网共同组成了较为稳定的城市路网格局。然而，大部分城市在建设过程中缺少系统和长远的规划，也有的城市在人口红利带动下常常是规划跟不上变化，导致城市整体规模上去了、各板块之间的交通系统衔接不上。不同的道路，多头规划、多头建设、多头设计、多头管养，也导致道路路网间的设施资源不匹配、通行效率不协调。路与街不分，路与场不分，路与路缺乏统一连续的指引，造成了道路资源使用品质和效率的低下。在交通管理上，为适应不断变化的需求，一窝蜂地要求货车限行却不给出物流的方案；一边倒地倡议自行车出行却不给予基本的路权；一个劲地倡导公交都市却不把旧的公交路线和换乘方案推倒重来；一味地限制小汽车进城却疏忽了交通枢纽的换乘，结果是压下了这边的葫芦浮起了那边的瓢。针对上述一系列问题，应通过对出行的习惯、安全的水平、通行的规律、运行的负荷、人居与路网的密度、路与场的比重、客流与物流、公交的换乘节奏等进行数据化分析，实行一次全方位的政策研究和系统调整优化，在现有的规模状态下螺蛳壳里做道场，力争实现一个新的效率常态化。

三是要大力提升城市交通环境品质，建立以品质理念为统领的城市交通设计标准化体系，使得交通设施与城市环境文化完美结合相得益彰。在今天的我国城市道路，笔直纵横的道路上的交通设施形式已经司空见惯：密集的路灯栽植于或宽或窄的道路两侧，四条斑马线横贯路口，长臂信号灯高挑空中，高大的标志牌占据着城市空间。道路交通管理设施之于城市，犹如人们的必备生活家具之于家庭，是人们户外生活的“城市家具”。之所以称之为“城市家具”，是因为它准确地诠释了人们渴望把城市变得像家一样和谐、整洁、舒适和美丽的美好企盼。在以道路路网为血管的现代城市中，道路上普遍存在的各类设施，除了绿化和电力设施之外，繁多的各类交通管理设施已经成了不可缺少的家具物件。从管理和环境的角度，设计和设置整洁美观、标准整齐、呼应文化、品质耐久的城市道路交通管理设施，从城市的空间、结构、资源等多方面优化实施，以画龙点睛之笔让城市更加美丽和谐，展现给城市人们的将是一个新的品质常态化。

上述宏观和微观方面的破解城市交通难题对策，仅仅是从技术的角度进行了探讨。借鉴安全生产管理的预防机制和经验，辨识出“危险源”并行之以有效的管理手段，能够从源头上预防和控制安全生产事故。城市交通难题的预防和控制亦有异曲同工之妙，找出其中的“问题源”，如事故隐患源、秩序混乱源、车辆拥堵源，从源头上去寻找对策进行预防和控制，才有能够得到全方位的破解之道。然而，城市交通“问题源”的形成，既有技术治理层面的缺陷，也有体制管理层面的缺失，前者的创新进步往往还取决于后者的最终决策。

近几年来，智能交通、智慧城市、“互联网＋”、大数据、云计算等新型技术风靡交通领域，针对城市交通难题的各种高大上一揽子智能智慧解决方案被提上各个主政交通建设、规划、管理的政府部门。于是乎，亿元级的智能交通投资让人们对城市交通的平安、有序、畅通充满了美好丰满的愿景。孰料想，当三步一岗五步一哨兼带流动监控、卫星遥感的智能智慧设备遍布城市大街小巷之后，事故仍未避免、秩序依然混乱、道路依然拥堵，老百姓依旧愤慨。很多体制管理层面的决策者们在无奈之下，只能向城市更深更广的地下挖掘，向城市更高更大的空间架桥。城市交通基础设施的面貌、弱势交通参与群体的出行环境、廉价机动车辆运行的状况，并非所有决策者都愿意在这方面下一番苦功夫研究和改善，所以常常以低成本策略维持现状。殊不知，应当把钱用在刀刃上，只有把城市交通的基础底子建设好，把交通问题的旧债还清，才能让智能智慧发挥它应有的作用。

在城市交通建设与管理中，住建、市政、城管、交警、规划、设计、监理、施工等多个政府管理部门或企业联系在一起，共同承担着城市交通发展大计，也分享着城市交通建设成果。解决当下城市交通难题，应宏观与微观结合，共同直面“问题源”，提出系统科学的创新措施，这样就完全可以迈上一个新的台阶，全面提升城市交通管理水平、功能效率和环境品质。

尽管我国经济发展进入了新常态,但是城市化进程才刚刚经历了一个较短的里程,目前正处于可持续发展的战略转型期。研究和创新城市交通管理,破解城市交通面临的难题,把城市交通建设、规划、设计、管理置于城市发展战略的重要位置,是交通领域的一次重大机遇,也将对国民经济发展做出重大贡献。

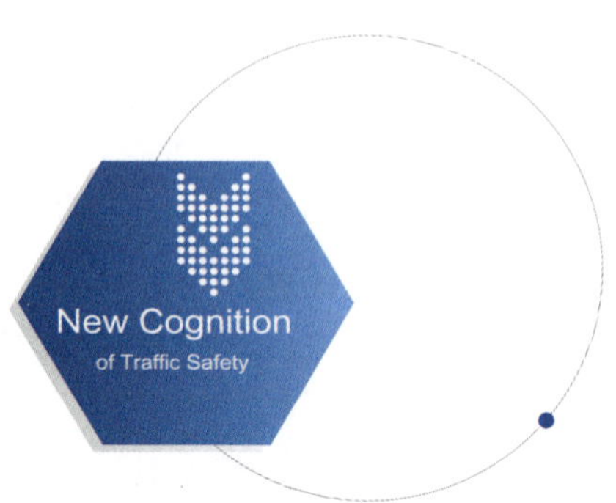

城市治堵，思考发展公共交通[1]

城市交通拥堵，已经成为全中国乃至世界上部分国家的城市病，老百姓怒怨、政府头疼、专家束手无策。究竟是什么原因导致了城市交通拥堵成为当今社会的一大难题？为何实施交通管制、绿色公交、私家车限行、错峰上下班、智能交通、挖隧道建高架等多管齐下的手段，仍然收效甚微？且治了东边堵西边、疏了南边堵北边，大有越治越堵、越堵越糟的现象。就此，笔者根据去过的一些交通秩序环境良好的国际城市的切身体验观察，同时就交通问题的根源，想谈一谈自己的观点。

道路交通管理部门和专家谈到城市交通问题时，经常听到的最多最广泛的

---

[1]写于2013年6月伊斯坦布尔考察归来之后。

意见就是如今车辆保有量太大。似乎所有的问题都是因为车多、路少、人的素质不高。而事实上，车子少、路多、人的素质高仅仅是一种精神境界的理想化，目前经济的发展状况和交通出行的需求是无法实现这一理想的。要解决城市交通拥堵问题，必须面对眼前的现实：车多、路少、人的素质不高，必须认清导致拥堵的根本源头性原因是：人口众多。

人口众多、群居、流动性强，是城市化进程的必然结果，也是造成城市交通拥堵的根源。认清了这个根源，从本质上解决好众多群居人口的出行便利，一定能够缓解交通拥堵、减少不必要的车辆行驶、提高道路资源使用效率、提升人的文明交通素质。

所以，我认为：唯有真正地实现公共交通优先便捷，才是城市治堵之本，甚至于暂时别无他策！

实现公共交通优先便捷，建议从以下方面着手进行公共交通建设。

其一，城市道路干道网络规划。所谓城市干道，是指具备双向四车道通行的道路，同时配置有非机动车专用道、步行专用道。有两种方法：以城市的郊区外围为界线，一是可以规划出有序的东西横向、南北纵向的方格式网状干道，每一方格的边距不宜超过 1000 米；二是可以规划出有序的若干环形干道，每一个环形道路之间的距离不宜超过 1000 米。

这样规划的好处是，无论是居住在方格内或环状道路区域内的居民，到达干道或干道到达住所所需的步行里程不会超过 1000 米、时间不会超过 10 分钟。同样，车辆驶上干道或驶回住所的时间和距离也是非常短的，干道与干道之间只需要设计满足车辆双向通行的一般道路即可。

其二，城市道路干道公共交通规划。在网状城市干道上，从东到西或从南到北的全程，或是在环形城市干道上，每个环绕干道的全程，启用一条或两条车道作为公交车辆专用通道。干道上只有一条公交专用道时，可以单向行驶。公交车辆专用通道应当由护栏围挡实现全封闭、不受信号灯控制，公交车仅仅是在到达公交站台时停靠。两个公交站台之间的距离也应当小于 1000 米，并且横向与纵向的交界处应当设置站台，采用某一方向道路下穿式路线行驶，站台换乘之间设计无障碍快速通道。在这样的公共交通体系下，出行者要到达某一目的地，只要有方向和方位感,就不会产生乘错车、耗费时间的情况。

这样规划的好处是,由于公交车辆在全封闭环境下运行,不受交通信号控制的影响,真正实现了公共交通的优先、准时、快速。从同一干道上的起点到终点,能够无换乘直线到达,并且中途改变方向时只需要下车再上车。无论是公交车辆或是行人,均能够不受外界任何干扰安全行进。

其三,城市公共交通乘坐便捷规划。在城市生活中,大比例的普通居民日常工作生活出行依靠公共交通,当公共交通不能满足便利需求时,人们往往考虑采用非机动车、专车等方式出行,既增加了道路交通通行的压力,又给人们的生活增加了较大的开支。公共交通既要体现专享、发达,也要体现经济、便利。由于采用公共交通出行的人数多,上、下公交车辆不应设置诸多限制。一卡通、统一票价一日行,属于较为适用的方式。乘坐公交车辆的交费、收费、制约行为必须在公交站台以外的区域完成。也就是说,只要进入公交站台闸机内,应当给予即行上下公交车辆的权利。

这样规划的好处是,站台区域内避免了经济性纠纷的可能,更减少了交费、查费一系列不很必要的时间浪费,大大节约车辆停靠站台上下客的时间。公交车辆快捷地开来,也能够快捷地驶去。

其四,城市公共交通车辆应当采用清洁能源电车,有条件的建议采用轨道行驶方式。蓄能清洁能源电车是近年来兴起的节能环保机动车辆,在安全、低噪声、准时、清洁、节能方面有着创新性进步,能够切实体现绿色公共交通的概念。

在城市公共交通建设基本完成的情况下,私家车等社会车辆的出行要受到非常多的制约,便利的公交体系可以促使人们自觉地减少机动车辆购买和城市内驾驶的兴趣。社会车辆与公交车辆之间不再有夹杂通行产生的抢道、碰擦等矛盾,可以进一步提高有限的道路空间的通行效率。同时,公交换乘的便捷性,减少了行人和非机动车辆过街的不安全不稳定因素,有利于平交道口通行资源的最大限度释放。在一个不抢、不挤、不堵、不占的道路交通环境,人的素质文明会很容易形成。

当前我国城市公交的现状是:公交车辆的数量和线路庞大且复杂,出行者往往要经过仔细的研究才能解决远距离出行的问题,一旦换乘则要横穿道路,面临巨大交通安全隐患；公交车辆与社会车辆的车道交织在一起，即使是 BRT 快速公交也要与社会车辆一样交织在交通信号管制之中，存在着绝对的交通事故概率；公交站台简单地设置在道路边缘，上车排队买票刷卡、无时间原则地等待车辆到来，使得公交站台成了一个事故多发之地，失去应有的安全感；公交车辆大多还是燃油动力方式，机械故障、环境污染成为城市交通秩序和城市环境的公害。公共交通的现状直接激发了人们追求便利、追求安全的本能，大量无原则购车、大量无原则上路行驶、大量占用浪费公共交通资源的现象屡见不鲜。

归根到底，治理城市交通拥堵问题，就应当想办法让更多的人习惯并自觉地乘用公共交通工具，减少道路、车辆等有限的公共交通资源浪费，从而实现人少、车少、秩序好。这样的习惯和自觉性，要依赖于科学合理的公共交通体系规划而养成，应促使公共交通真正达到优先便捷。

交通安全：城市需重视道路交叉口的隐患[1]

在特定的区域范围内，密集而四通八达的道路服务于人和车的出行，构建了纵横交织的城市交通环境。连接城市道路路网的大大小小的平面交叉口，承担着保障城市交通通行效率的职能。实现更加畅通快捷的通行，是现代化城市交通运行的始终追求，也给其中的道路交叉口提出了更多的功能要求。任何一个道路交叉口，都堪称是城市交通系统中牵一发而动全身的要塞。

安全，应当是所有交通系统中首要的通行保障任务，城市交通也不例外。很难想象，一个欠缺或失去安全性的道路运行系统，交通的效率会如何糟糕。由于交叉口是城市道路交通中各种交通参与方式的交汇点，因此也是交通行为的冲突

[1] 本文发表于2015年6月29日《澎湃研究所》。

点和交通事故多发点。据全世界范围内的统计，在城市道路上发生的交通事故中，道路交叉口发生的事故占比高达 30% ~80%。从我国近年来的城市道路交通事故发生的总体情况看，道路交叉口交通事故量有逐渐上升的态势，导致生命财产损失的同时，也严重影响了城市交通通行效率和管理品质。

让我们回顾一下近年来发生在城市道路交叉口的几起重大恶性交通事故：

2012 年 7 月 27 日，郑州市高新技术开发区科学大道和金梭路交叉口，一辆水泥罐车和一辆满载着工人的机动农用车相撞，当场造成 7 人死亡。

2014 年 9 月 16 日，张家口市桥东区一辆失控的货车闯过五一路和林园路交叉口撞上一辆黑色速腾轿车后，横扫了路北边的公交站台，导致 14 人死亡。

2014 年 10 月 19 日，杭州市萧山区宁围镇钱江世纪城丰二村一村道与飞虹路交叉口，一辆包括司机在内载有 9 名乘客的微型面包车发生了重大交通事故，车子一头撞向路口的红绿灯与路灯柱子，事故造成 3 人死亡，多人受伤。

2015 年 6 月 20 日，南京市石杨路与友谊河路交叉口发生一起震惊全国的恶性交通事故（网络报道 620 南京车祸），一辆宝马轿车将一辆马自达轿车撞击成碎片后多车相撞，2 人死亡，多人受伤。

从举不胜举的我国城市道路交叉口发生的交通事故中，可以分析总结出一些共有的交通安全隐患特征，从而寻求交叉口事故的解决途径和方法。

其一，城市道路交叉口为机动车驾驶员提供了快速通过的条件，习惯性快速通过交叉口几乎是导致交通事故的罪魁祸首（图 1）。从不久前“620 南京车祸”的惨烈程度可以看出，一辆速度过快的车辆正面撞向另一辆速度较快的车辆侧面，是导致车辆瞬间解体、碎片飞散的主要原因。十次事故九次快，其他的类似交叉口交通事故死伤惨重的案例，速度过快也是直接因素。对我国众多的城市道路交叉口交通安全设施组织观察，可以发现一个千篇一律的规律，就是为机动车的快速通行设计和设置了标志标线、信号灯。笔直的道路前方是宽阔而又规则的交叉口，或单一或缺乏必要的危险警示告示类标志，横向几条斑马线垂直于车辆停止线，长长的横臂信号灯挑挂于半空。机动车驾驶员在这样的交叉口，通常以“绿灯”为通行原则，唯“绿灯”马首是瞻而踩油门快速通过。还有些城市在设置信号灯的同时增加了颇受争议的倒计时器，为驾驶员提供了分秒必争的所谓高效率服务。日积月累,快速通过交叉口成了一种驾驶习惯——一种不良的恶习。

图1　620南京车祸石杨路与友谊河路口(提高机动车通行效率的典型城市道路交叉口)

其二,城市道路交叉口沦为各种交通参与者混行的场所,险象环生的混乱秩序为交通安全埋下隐患。在很多交叉口交通事故中,秩序的混乱导致事故成为必然,甚至于秩序拥挤产生连环碰撞而波及更多受害者。在以服务于小汽车为理念的交叉口交通组织设计中,对行人和非机动车的通行权利往往欠缺考虑。诸如:行人在路口缺乏宽敞的停留空间,在通过路口时没有充足的通过时间;非机动车在路口失去连续通道,只能在本应是仅限于行人通行的斑马线上骑行;本就狭窄的人行道、非机动车道,在交叉口与机动车道平面交织在一起,缺乏慢行交通语言的提示告知。在这样一个场景的交叉口,各类交通参与者就开始竞争各自的通行权,把安全抛到了九霄云外,显现的是交通素质的低下。

其三,城市道路交叉口缺乏必要合理的安全防护设施,将弱势交通群体暴露于可能发生的交通事故中,增加生命财产的伤害程度。上述案例中张家口市和杭州市发生的交通事故,均因车辆失控的偶然性事故导致了惨重的人员伤亡。在安全管理理论中,安全是相对的,事故是绝对的。在一定条件下,人的不安全行为、物的不安全状态,加之其他情况,就可能酿成事故,后果不堪设想。道路交通安全和事故的关系亦然。随便走上一些城市道路的路口,可能会发现这样的情况:人行道、非机动车道、机动车道彼此之间的隔离设施断断续续地设置或根本没有;行人过街前和二次过街的等待区没有防护设施;距路口较近的公交站台

随意地设置在路边且没有任何候车防护设施；绿化带或护栏的端头没有醒目的标志设施；交通或电力设施的杆件设置于没有任何保护措施的通行区域里；交通标线模糊不清，交通标志和信号灯视认不清；路口掉头、路口坡道、路口转弯等交通行为没有配套警示防护设施等。设计与设置生命安全防护设施，对于交通事故做到主动预防并减轻交通事故发生时的伤害，是满足交通参与者对道路交叉口环境要求所必需的。

通过对城市道路交叉口交通安全隐患的特征进行梳理，能够进一步清晰地认识到交叉口运行系统中安全、秩序、效率三者之间的关系。安全是交通参与者的最基本和最重要的权利，也是交通秩序的依附，更是交通效率的抓手。对于交通行为的冲突点和交通事故的多发点，复杂状态下的交叉口交通组织必须基于对安全的精细化设计，考虑到相关的防护性设置。在道路建设“三同时”安全评价体系中，交叉口的安全评价应是关键点。

首先是要使法定的交通信号（包括交通标志、标线、信号灯）根据道路交叉口在区域交通系统中所处的位置和负载的功能，统筹兼顾各类不同的交通参与者，尤其是要使机动车驾驶员在确保安全的前提下谨慎通行，以养成良好的向弱势交通参与群体让行的习惯，如图2所示。

图2　荷兰阿姆斯特丹，平衡各类交通参与者通行权利的精细化高品质城市道路交叉口

其次是要充分调研道路交叉口各类交通参与者的真实通行需求，给予道路资源的匹配，提供连续性和无障碍的使用通道，以维持其在各自通道的秩序和谐，提高交通行为素养。

最后是要创新应用于道路交叉口安全防护设施的新材料、新工艺、新产品、新方法，以最大可能保护生命为理念，以事故发生前主动预防避免、事故发生时被动防护减轻伤害、事故发生后快速安全撤离为原则，设计和设置科学合理的防护设施，如图3所示。

图3　香港，以安全为重的防护型城市道路交叉口

近年来，我国交通管理和设计领域出现了新风向，较多的管理者和学者提出了绿色城市交通的理念和目标，并开始付诸计划和行动。欧美发达国家先进的城市道路交叉口的安全化、品质化、精细化设计和管理方法得到重视，有待于我国逐步引进并结合各地城市的实际情况吸收利用。道路交叉口是保障城市如同毛细血管般密集的路网通畅运行的节点。无论交通事故具有如何的多样性和不确定因素，向道路使用者提供安全的交叉口交通环境，是实现任何一种城市交通目标的基石。

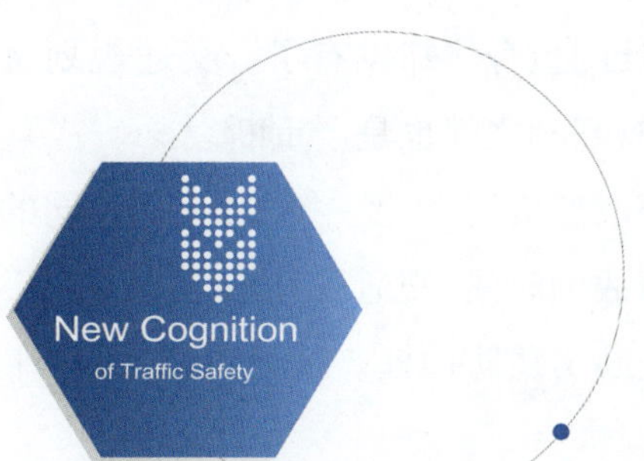

目标是一致的,链条是断裂的[1]

最近,不少人热议城市交通问题,在销售产品过程中,我也发现城市交通中存在不少问题,较为突出的如斑马线、非机动车道,甚至一些机动车道的断裂现象。

导致断裂的原因是什么呢?主要是交通行业自身的原因。在这个行业里,做交通规划的人最受宠,因为他们经常可以见到城市的高级管理者。很多一流院校交通工程专业的学生一出校门,也是一门心思地去做交通规划,而不愿意从事组织设计与产品开发等方面的工作,他们也觉得交通规划高大上、有保障。

同济大学杨晓光教授借用一条鱼剖析了这种现象——鱼头是规划,鱼尾是

---

❶本文发表于2016年5月23日《中国交通报》第3版。

管理，作为交通设计的鱼身体却没有了。交通规划、设计、管理、产品、施工单位以及交通科研机构，互相之间也是严重断裂。

我们想要真正改变交通，需要一起为一个共同的目标去努力。当交警希望这个路口无伤亡事故的时候，交通设计单位却不用心去理解与研判，更有甚者，交通企业在那里安装劣质防撞桶。试问：在这样一种产业链里面，交通安全怎能做好？

我国道路交通安全管理部门主要分为两个系统，一个是公安交通管理部门，一个是交通运输管理部门。交通安全问题是双方都不可回避的。对于交通安全管理的终极目标，双方也是一致的。这就需要双方能够真正地坐到一起，明确一个共同的目标，然后为这个共同的目标去努力、去担责。这么长的一个行业管理链，不可能像企业经营那样全部做过程管理，如果一个行业主管领导花很多精力告诉你这个该怎么干、那个该怎么干，肯定不现实。

重点应该做什么？应该做事前控制。事前控制就是要提高大家对共同目标的品质的把控，管理是，规划是，设计是，产品是，施工也是。所有的质量控制靠事前，不能等到事后。事后控制在我国的文化环境体系下，可能受到各种人情关系的干扰。也就是说，质量一旦出了问题，很难正常整改。中南大学黄合来教授研究认为，在风险防范机制中，环境条件、人的状态、人的不安全行为、物的不安全因素、事故、伤亡，构成多米诺骨牌效应，抽掉其中任何一张骨牌，伤害即刻中止。而其中，抽掉物的不安全因素，是最容易实现的中止伤害方法。

当然，这并不是说要把交通安全方面的问题怪罪于交通安全管理部门。事实上，他们为了解决这些问题，想了很多办法，投入了非常多的资金，只是还有很大的改善空间。只有大家真正地把利益捆绑到一起，愿意去建立一个共同的目标，才有可能把事情做到最好。

高速事故还能再少点吗？谈谈高速公路的安全设施与管理[1]

刚刚过去的清明小长假首日，江苏境内G42沪蓉高速常州段接近交通枢纽处发生了一起数十辆车连环相撞的惨烈车祸，瞬间成为街头巷尾热议的新闻。事故固然有天气影响和人为因素，但实际上，高速公路交通的安全管理，还有很大的提升空间。

高速公路交通事故在何种情况下较为多发？在人方面，是疲劳驾驶、操纵不当等；在车况方面，货运和重点（客运与危化品等）车辆的事故较多发；从路况的角度看，事故易于在交通枢纽、分道出入口地带发生；还有环境方面，夜间和恶劣天气条件也是不利因素。

---

[1] 本文发表于2016年4月3日《澎湃研究所》。

在我国的道路交通事故原因分析中，事故往往被归纳为因人的过失而起。这本身也许并没有什么错——毕竟是人在控制车。但在当下，改善路况环境与技术供给，同样是改变驾驶行为的重要措施，也能极有效地防范高速公路交通事故发生。

笔者粗略总结，这其中包括保证高速公路的标志安全视距、速度管控、消能防撞、应急避险四个方面。

其一，保证高速公路的标志安全视距，是指驾驶员发现交通标志并识认信息时，有充分的距离以满足操纵车辆和减速的必要时间，防止行驶错误和交通事故。根据我国交通安全管理警方实践和研究的公开结论：高速公路交通事故和人员死亡，超过70%集中在交通枢纽和出口匝道500米范围内，而其中又有超过70%发生在清晨和傍晚、夜间和雨雾霾等恶劣天气条件下。

究竟是什么原因，导致上述路段和时间范围内发生如此多的交通事故？这与交通标志的安全视距有极大关系。由于我国交通标志采用的是单纯逆反射材料（反光膜）技术，需要依赖车辆的远光灯照射视认。车辆在正常夜间出行环境中，能够发现交通标志并有效识认信息的平均距离，仅在150米左右。而大量夜间出行的货运车辆，对标志的有效视距更短，一旦遇到雨雾霾等恶劣天气，识认位置就非常接近标志。驾驶员在这类情况下，常常下意识采取紧急制动、紧急变道等措施，时间仓促和距离不足，都直接导致追尾、碰撞、翻车等交通事故发生。同时，车辆使用远光灯之于交通出行的危害与隐患更是显而易见。

另外，同济大学潘晓东教授和浦东高速交警俞晖研究发现，现有交通标志在清晨和傍晚的太阳逆光环境下，根本无法视认，这也会导致大量交通事故发生。

美国、日本、韩国，以及欧洲国家，更加重视道路交通安全设施的基础性研究，早已发现上述逆反射技术交通标志的视认缺陷，通过增加照明系统、应用LED主动发光技术，去实现交通标志在全天候各类气象条件下的视认功能，保障交通安全畅通，如图1所示。

图 1　超过 250m 有效视认距离的主动发光道路交通标志

比如,笔者 2015 年 12 月访问美国得克萨斯州交通研究院(Teaxs A&M Transportation Institute,简称 TTI)时得知,该研究院研判认为,道路交通标志视认性与交通事故之间有着必然联系:视认性较差的交通标志,往往会导致交通参与者错误判断或无法判断信息,诱发交通事故;通过提供更加良好视认性的交通标志,能及早预防和减少不必要的交通事故。

据此,我国不应仅使用交通标志的制造材料——反光膜的“逆反射系数”作为判定安全视距的标准,还有必要就道路交通标志的安全视认性,尤其是高速公路交通标志的安全视认性,进行综合评价研究,形成一套系统的交通标志安全视距标准,以满足全天候全气象条件下所有交通参与者的安全出行需求。

其二,高速公路的速度管控,是指根据高速公路不同的通行状况、气象条件、交通管制需要,而适时采取速度限制措施,以保障车辆在该路段范围内的行驶安全。我国高速公路采用的方法是,取一个最低速度值和最高速度值为限速标准,通常为 70 ~ 120km/h。也就是说,车辆在这个速度区间内行驶,都是合法的。但现实情况是,不同机械性能的车辆之间,会产生较大的速度差,随着高速公路沿线路况和气象条件的变化,会产生不安全因素。从交通安全管理的角度,必须在确保安全的前提下,对它们采取不同的速度管控措施。

目前常规使用的限速设施中,较多的是静态限速标志,限速值固定,不能即时根据管理需求进行信息变化;另一类是相对少量的可变限速标志,大多限制了最高速度,并依赖于人工管控,在低速和复杂多变路况气象条件下,不能即时反馈信息，见图2；还有一类是抓拍电子警察，属于以罚代管的限速方式。

图2 基于安全感知的即时可变速度控制措施

这些限速设施，都仅能保障相对正常路况和气象条件下一定的通行安全性，更大程度上，是出于严格法令的需要而设置。另外，相对较快的速度，并不必然导致交通事故，这早已是较多交通学界专业人士的共识，在相对安全的通行条件下，现有的固定最高速度的管控措施无疑也值得商榷。

随着科学技术发展，通过大数据即时采集高速公路的通行状况，通过物联网即时感知不同路段的气象条件和远程遥控，通过互联网即时发布交通管理信息，已经在交通领域得到大量应用。高速公路的速度管控也应与时俱进，合理应用新技术新产品，在科学预判安全行车的前提下，提供即时可变的速度管控信息，提高交通出行效率，促进节能减排。

另外，速度管控措施的设置，应确保驾驶员远、近距离均能清晰识认信息，促使其操纵车辆在安全的速度下行驶，尽可能避免驾驶员因信息误判而产生不当驾驶行为，带来事故隐患和处罚风险。

其三，高速公路的消能防撞，是指通过创新设计与设置高速公路沿线的交通杆件、交通标线、隔离护栏、防撞桶（墙）等路侧设施，在交通事故发生时，起到消除撞击能量、改变撞击方向等作用，以最大限度地避免或减轻交通事故中的人员伤亡和财产损失。

在高速公路交通事故中，至少一半以上事故与路侧设施有关。路侧设施对保障高速公路安全通行至关重要，也是我国高速公路同步设计、同步施工和同步验收通车的必不可少条件(简称"三同时")。高速公路的行车速度相对较快,一旦发生路侧碰撞类交通事故,极易出现车毁人亡的严重损伤。

尽管路侧设施在我国高速公路已做到应设尽设,但由于高速公路建设工程起步较晚、发展过快,其专业路侧设施安全性研究尚处起步阶段,功能性较弱。例如,隔离护栏的主要作用是防止车辆撞击时冲出路外,对改变因撞击导致的路内行驶方向失控欠缺考究;边缘标线的主要作用是明确界线,但车辆碾压时向驾驶员反馈感知的作用并不明显;各类交通杆件在设计中仅考虑了承重和抗风荷载,对撞击抗倾覆、消能解体以及防御恶性自然灾害缺乏标准指导;在易发生事故路段和地带设置的防撞桶,大多起到了警示不要碰撞的作用,而真正碰撞时并不一定能消除撞击能量;弯道、桥梁等路段也基本没有考虑防撞墙的增设等,消能防撞的路侧设施见图3。

a)

b)

图3　消能防撞的路侧设施

在路侧设施的生产制造行业,对各类安全设施产品大多制定了推荐性标准,缺乏强制性检测和认证制度,导致产品品质良莠不齐。作为保障高速公路安全的公共设施,其质量管理严重不足。

交通事故零伤亡是道路交通安全管理的最高愿景。设计和设置既消能又防撞的路侧设施,无疑是这一愿景的必要保障。比如沪宁高速这起数车相撞事故,其导致的生命财产损失是巨大的。如果能在路侧设施方面加大创新研究和工程投入,其社会安全和经济效益必将更加巨大。

在笔者看来,交通工程学是一门车辆工程、道路工程、人机工程、环境工程等多学科相互渗透的交叉学科。而路侧安全设施的研究和开发，又是在交通工程学的基础上，融入计算机、光学、力学、材料、结构、环境艺术等繁多领域内容的融合性课题。

如果充分认识到路侧设施之于交通安全保障的战略作用，实施强制性产品标准、检测和认证制度，支持这一领域基础性技术的创新研究和应用，交通安全管理水平必将事半功倍地得到提升。

其四，高速公路的应急避险，是指在高速公路上行驶的车辆应具备开阔的视线视野，在发生不可避免的交通事故的起始时间内，车辆驾驶员能够发现或到达应急避险措施和区域，以最大程度保障安全。

我国现有绝大多数高速公路车辆是在全封闭状态下行驶的，除了相隔较远距离的出口、服务区之外，车辆无法驶离路外。且沿线路侧没有净空区，被树木、山体或建筑物遮挡。车辆因避让、打滑、制动失灵等导致路线偏离时，因撞击路侧隔离护栏而发生事故损伤成为一种必然。当前方道路出现交通事故时，所有车辆只能原地停留，产生严重拥堵，使得驾驶员在漫长等待过程中产生心理焦虑。急躁和法不责众的心理，也易于催生不当驾驶的次生事故和潜在违法行为。

欧美一些国家高速公路普遍采用的方案是，在沿线两侧设置 9 米左右宽度的无障碍物平行平坦的净空区（图 4）。高速公路全封闭运行，与设置路侧净空区相比较，前者的优势是不需要大量征用土地，节约土地使用和经济成本；后者的优势是能给驾驶员提供开阔的视野、与道路保持相对等高的路侧无障碍物净空区，可以让失控车辆驶出路外进入净空区得到有效安全控制，并能够再次安全地驶回行车道。采用净空区设计的高速公路，在发生交通事故或拥堵时，人员能被快速疏散至安全地带休息。

高速公路交通安全管理可以改善的空间还包括：结合货运车辆夜间出行的规律和车况实际，研究开发路侧设施技术；结合路侧设施现状和全封闭环境下发生交通事故的特征，开展紧急救援技术的研究与应用；结合行驶中的车辆机械安全性能差异较大的实际，研究混行环境中的车辆安全距离管控措施；以及各种恶劣天气条件和重点车辆的安全预判研究与管理创新等。研究我国高速公路综合环境现状下交通安全管理需求的创新供给,意义重大。

图 4　视野开阔的路侧净空区提供应急避险

在安全生产管理理念中,“安全的相对性与事故的绝对性”长期并存,高速公路也不例外。当然,我国整体道路交通安全管理形势还相当严峻,高速公路通行中的人因、车况、路况、救援、环境等诸多条件不容乐观。尽管如此,通过高速公路交通安全管理部门的不懈努力,重特大伤亡事故正在逐年减少,通行环境逐年改善,交通安全管理水平也在逐年提高。

总体上,高速公路交通安全管理的当前重点任务,应放在通过技术创新实现主动防控方面,其管理理念是“通过改变人的习惯养成交通素质文明、以人的安全为本、为人的安全服务”,应以管理理念与技术创新的供给,去满足出行安全畅通的需求。

New Cognition
of Traffic Safety

交通安全设施

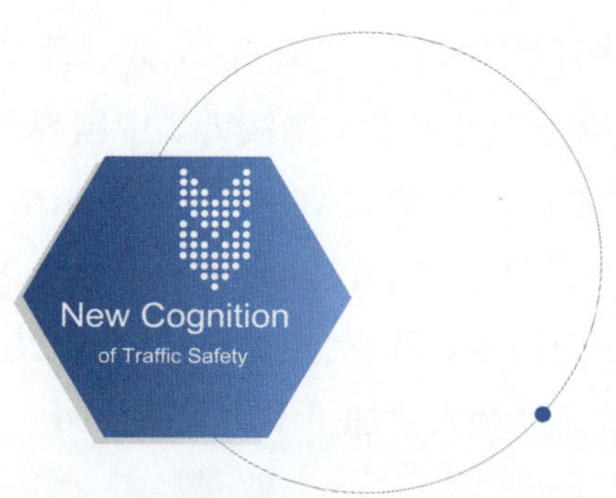

赛康交安,数载创新只为“让交通更安全”[1]

5 月 6 日,盛况空前的一场聚焦“让交通更安全”这一主题的交通语言研究公益组织筹备活动(图 1),在南京白下高新技术产业园区管理委员会召开。本次活动由园区企业南京赛康交通安全科技股份有限公司(以下简称“赛康交安”)发起并组织策划。

由赛康交安牵头召集,国内 30 多家交通专业学术研究机构共同发起的“中国交通语言研究会(院)”召开了首次筹备会;设立在赛康交安的国家级新型交通安全设施产业技术合作研发中心、江苏省新型光学交通标志工程技术研究中心、同济大学交通安全产学研团队合作中心一次性落户揭牌;同济大学杨晓光教

[1] 本文部分内容发表于 2016 年 5 月 9 日《南京日报》。

授、交通运输部公路科学研究院姜明研究员、武汉理工大学朱顺应教授等国内交通安全领域知名专家分别开展了主题演讲。中国智能交通协会、交通运输部公路交通安全工程研究中心、清华大学、同济大学、东南大学、长安大学、中设设计集团、苏交科集团、上海市政工程设计研究总院等全国性协会学会、交通安全管理部门和研究机构、交通专业院校、交通设计院，以及全国各地交通安全设施龙头企业、新闻媒体等200余人参加了本次会议。

图1 “中国交通语言研究会(院)”首次筹备会

赛康交安是一家成长于南京本土的高新技术企业，在坚持道路交通安全领域科技创新的路上，可谓“十年寒窗无人问，一举成名天下知”。截至目前，赛康交安自主发明的近60项知识产权全部获得科技成果转化应用，开发的新型智能防御性主动发光技术填补了多项交通安全管理技术空白。赛康交安主持或参与起草的《LED主动发光道路交通标志》(GB/T 31446—2015)等2项国家标准、3项公安部行业标准、2项地方标准，均在近年来颁布实施。承担了国家交通安全开放实验室课题“主动发光交通标志像素视觉融合性技术研究”，该技术的成熟应用，使得交通标志能够满足所有的交通参与者在全天候气象环境条件下实现远距离视认，不再依赖车辆远光灯并弥补了传统反光标志雨雾天、逆光下的诸多视认性缺陷。根据权威实验数据和公安交通管理部门应用统计，该技术相比传统反光标志提高有效安全视认距离50%以上，能够在特定路段或环境条件下有效降低交通安全事故70%以上。显著提升我国道路交通安全管理技术和质量水平的同时，对社会安全效应和经济效益产生了巨大贡献。2016 年 2 月，赛康交安（835934）在新三板挂牌上市，为我国道路交通安全设施行业对接资本市场首开先河。

作为赛康交安的掌舵人，最近 15 个月的时间里，我在新华网、澎湃新闻以及交通行业核心期刊发表了 21 篇重要热点文章或学术论文，涵盖交通、经济、企业、民生问题。我深深感到作为一个共产党员队伍中的企业家、交通管理研究者的责任重大，城市交通问题，尤其是道路交通安全问题已经涉及社会经济和民生幸福的方方面面。

当下我国城市交通拥堵的老大难问题，其根本上不能完全怪罪于车多、人多、路少的客观现实，往往是中国式的城市道路，造就了中国式城市道路上的人，交通组织设计和管理设施设置出了问题，导致了城市交通功能性缺陷，是不可推脱的主观因素。车队在道路上正常行驶，头车的一个几秒钟突然减速或停顿，延续到多辆后车的就是几十分钟拥堵。而很多道路交叉口的交通组织在功能上就没有规避各类交通参与者的通行冲突，产生突然避让、减速或停顿就是一种常态，拥堵也就形成常态化。城市交通管理的核心，应当是“建设什么样的道路去改变人们的使用道路习惯”，车水马龙，流动则通畅，科学合理的组织设计和硬件设施尤为重要。

由于痴迷于交通安全事业，2011 年年底我因为发明的一款应用于高速公路警车停车待命巡逻模式研究的“仿真警车”在网络走红，被媒体称为“交通安全狂人”。得益于我与团队长期的应用实践与理论学习研究，如今赛康交安主持起草的《仿真警车警示装置》（GA/T 1247—2015）已经成为公安部行业标准。我国的交通事故发生起数和伤亡人数，人车路同比例情况下的概率，连续十几年位居世界前列。根据世界卫生组织发布的公开数据，我国每年死于道路交通事故的人数超过 20 万。这已经严重影响到社会安定和生活安康，是我国政府和人民必须面对和急需解决的社会问题。十多年来，我带领赛康交安技术团队，经反复调研和论证发现，尽管造成交通事故的细节因素非常之多，但是改善“物的不安全因素”是最容易实现的终止交通事故伤亡的手段。这个“物的不安全因素”，一是车辆；二是包括交通标志、标线、红绿灯等在内的交通设施。研究后者,改善和提升它,相对能够更加快速与经济合理地获得显著成效。2009 年起,赛康交安开始立项道路交通标志的产业技术创新研究与应用,开弓没有回头箭,一晃就是 7 个年头,不断破解主动发光交通标志在动态环境中的视认性系列技术难题,攻克产品批量投产中的工艺品质和生产设备难题,解决市场推广中的新技术新产品不被接受的难题,累计投入的 4000 余万元资金全部来源于经营收益和多方筹措。

作为一名创业者,从一穷二白开公司发展到股权规范上市;作为一名热爱交通事业的学者,从一无所知成长为国内知名专家;作为一名普通的交通参与者,在切身工作生活中或长期或短期体验过几乎所有的交通工具和出行方式,我为自己也为他人编著了《走出一条自己的路》。

南京、青岛、济南、武汉、长春、山西、贵州、上海、欧洲、非洲、美国……越来越多的国内省市和国际市场,从尝试接受到持续应用智能防御性主动发光技术和产品,赛康交安为更多的生命财产提供了安全保障。

人类任何技术的进步与实现,都是从服务于人的需求的角度出发。道路交通管理技术也不例外,只有坚持以人的安全舒适出行为本,才具有可持续性。小到交警的一个指挥手势、道路上的一条斑马线,大到一个管理或产品的技术标准规范、一部交通安全法,不外乎是为了向道路使用者传递行为规范的信息,都属于交通语言的范畴。通过精细化的交通语言,能够更加广泛地、轻而易举地让人们理解并接受交通安全管理的知识和环境状态,实现交通管理者所需求的人的素质文明。从一家名不见经传的交通安全设施企业,到参与整个交通安全行业的产业技术研究应用,再到发起创建面向大众的交通语言机构,赛康交安把“让交通更安全”当成使命、让“世界更美丽”当成愿景,正不断地向着一个又一个创新的巅峰冲刺。

以“城市家具”的理念设计与设置道路交通安全设施❶

在由人、车、路、环境构建的交通系统中，道路交通安全设施是保障通行安全和规范交通秩序的必需品。在经济发达的现代城市中，人居密集、路网交织、车水马龙、环境缤纷，包括路灯、交通信号（标志/标线/信号灯）、隔离设施等的各种道路交通安全设施更是得到了广泛的应用。快速路、主次干道、大街小巷连接着城市的居民区和商业文化街区，人们在城市生活中每天都要频繁地直接或间接使用道路交通安全设施。

道路交通安全设施对于城市，犹如人们的必备生活家具对于家庭场所，因此道路交通安全设施是人们户外生活的“城市家具”。

❶本文发表于2015年第5期《交通与运输》。

“城市家具”一词源于欧美经济发达国家，它是英文“Street Furniture”的中文解释，泛指遍布城市街道中的诸如便民生活设施、道路交通安全设施、广告景观设施及儿童游乐设施等城市公共环境设施。之所以称之为“城市家具”，是因为它准确地诠释了人们渴望把城市变得像家一样和谐、整洁、舒适和美丽的美好企盼。

在欧美经济发达国家，交通规划与设计往往能够得到城市建设发展的首要考虑。各类不同的机动车、非机动车、行人也能够获得相对公平的通行权利，这就是交通人士经常说起的“路权”。在对有限的道路交通资源进行路权分配设计的同时，精细化的“城市家具”——道路交通安全设施的设计和设置与其紧密关联。因此，当不同国家的人们以不同交通参与者的身份处于发达国家的城市道路时，会感受到不一样的交通秩序和环境品质。受到周边道路交通环境品质的影响，人们也会自发自觉地形成遵守交通秩序的习惯，人的交通素养也因此逐渐形成。

在尚处于发展阶段的我国，过去的三十年，尤其是近十五年以来，以发展房地产和小汽车工业为代表的城市化进程日新月异。以深圳、上海等城市为代表，平均几天就建起一座高楼大厦的建设速度已经司空见惯，小汽车数量以几何倍数持续增长更是令人惊叹。直到今天，我国用短短的十数年时间，建成了若干个百万级、千万级人口的大中型城市。在这样的发展速度下，道路交通建设大多落后于城市发展速度，直接导致交通问题最终成为普遍性的城市病。而交通问题的根源，是诸如路权分配、交通安全设施设置、路网交通组织等基础设施的不合理、不科学、不先进。伴随城市的快速发展，交通枢纽、主次干道、商住街区、产业园区等大建设一波接着一波，对城市交通的全盘性、整体性规划设计却欠缺考虑，头痛医头脚痛医脚。很难想象，一个连最基本的基础规划设计都欠缺的城市交通，如何去顾及更加精细的道路交通安全设施设计与设置问题，“城市家具”的设计和设置理念又何从谈起。

于是，我们看到和总结出了这样的中国式城市道路交通安全设施场景：

(1)宽阔笔直的道路，“高大上”(高空、大尺寸、造价至上)的交通标志和红绿灯，在严重影响了道路环境结构和空间的情况之下，仅仅是为小汽车提供了良好的视距视线,却养成了驾驶员加速通过路段和路口的不良习惯。

(2)无论什么样的道路交叉口,几道斑马线施划连接着东西或南北,行人在一个信号周期时间内的一次性通过性、非机动车与行人混杂在一起的安全和效率,几乎是没有保障;大量的用于车辆通行的道路内侧随意设置了停车位标志标线,被用于车辆停放,路、场不分而人车交集。人们在这样的环境中只能挤、抢、占、争、跑。

(3)狭窄弯曲的非机动车和人行道上,障碍物和阻断点险象环生,稀缺的慢行交通标志标线等语言,让非机动车和行人无所适从,面对小汽车主导的通行环境,体现的是是一种交通参与者的低下和卑微,还夹杂着愤怒。

(4)普遍采用的反光型道路交通标志有下列"看不见":骑行者和行人夜间看不见,夜间机动车不开远光灯看不见,逆光环境下看不见,湿冷环境下版面结露看不见,周边环境亮度干扰时看不见,雨雪雾霾恶劣天气下看不见等,直接或间接导致了交通事故的发生。相反的是,《中华人民共和国道路交通安全法》第二十五条规定:"交通信号灯、交通标志、交通标线的设置应当符合道路交通安全、畅通的要求和国家标准,并保持清晰、醒目、准确、完好。"

(5)样式千篇一律、工艺粗制滥造的隔离护栏,稍经年月便破损、锈烂不堪,甚至于缺乏自身安全设计而导致加重交通事故伤害屡见不鲜;隔离端头的防撞桶犹如垃圾桶一般的不攻自"破";铁质、胶质的减速设施,破坏路基的同时像破烂一样横亘于路面;交通标线因为缺少反光突起路标而夜间模糊不清;交通信号灯被改造成门楼一般的杆件结构而影响空间和视认;限高架随意任性地用几根钢管搭起造成交通事故伤害无数,高矮不一、大小不一、五花八门、五颜六色、信息错误、歪歪斜斜……自身不安全,也不能起到应有的保障安全作用;此外,严重破坏城市环境品质的各类道路交通安全设施在大街小巷随处可见。

(6)种植了绿化带而遮挡了视线;设置了慢行车道而忽略了物理隔离;宽大的斑马线尽头是高高的台阶或阻断物;进入了隧道却没有了路标而失去方向感;施工导致的断头路缺少系统的周边标志设施而通行效率低下,等等。

在这样的中国式城市道路交通安全设施构建的交通环境中,人的素养、城的文化,其概念和愿景几乎是空谈。也由此可见,以"城市家具"的理念去设计和设置城市道路交通安全设施，当是我们每一位城市管理者、交通设计者、交通参与者的思考与责任。

首先，“城市家具”的理念是以道路交通中最重要也是最本质的安全为使命。交通出行的安全与否，直接关系到人们在城市生活中的幸福品质。我们很难想象，失去了舒适健康的出行环境，再繁华的都市又有什么用?！我们更难想象，失去了安全的道路交通系统，修再多的路、买再好的车恐怕也难以让人幸福。应从安全的角度，采用新工艺、新材料的创新型道路交通安全设施，还应从消除道路交通安全隐患、主动预防交通事故的发生、消除或吸收交通事故发生时的能量方面设计和设置安全设施，以最大程度减轻生命财产损失。

其次，“城市家具”的理念是以改变人们在交通参与中的习惯、提高素养为愿景。人在某种规则的长期引导约束之下会形成一种规则习惯，而交通中的遵守规则习惯恰恰就是道路交通管理之理想愿景中的“人的素养”。反之，在一个混乱无序的交通规则之下，人的习惯和素养改善根本无从谈起。应从习惯和素养的角度，结合通行条件、资源配置、环境文化、交通需求，设计和设置系统完善的城市道路交通安全设施，给出人们日常交通参与的语言环境和秩序氛围，以潜移默化提升人们的素养。

最后，“城市家具”的理念是以全面改善和提升城市交通管理水平和环境品质为目标。在以道路路网为血管的现代城市中，道路上普遍存在的各类设施，除了绿化和电力设施之外，繁多的各类交通安全设施已经成了不可替代的家具物件。应从管理和环境的角度，设计和设置整洁美观、标准整齐、呼应文化、品质耐久的城市道路交通安全设施，从城市的空间、结构、资源等多方面优化实施，以画龙点睛之笔让城市更加美丽和谐。

设计是道路交通工程的灵魂，道路交通设计师应当以设计出优秀的作品、高文化品位的环境从而改变人们的规则习惯而形成良好素养为追求，道路交通管理者应当以安全、素养、品质的提升和保持为职业情操，把每一个道路交通安全设施以精细化“城市家具”理念进行设计和设置，从本质上改变我国城市交通环境的现状，打造一项城市交通的民心工程。

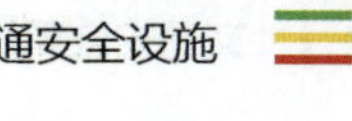

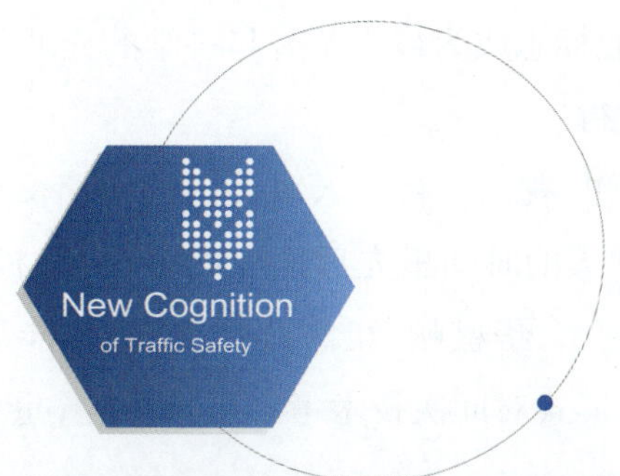

以静制动，于无声处显神奇——美国道路交通标志技术考察纪实❶

在美国的相关文献中，经常用“Container（载体）”这个词来形容道路交通标志，认为它是将道路交通管控措施传递给驾驶员的最为有效的载体，是交通管理部门进行交通管理的最重要手段。美国联邦公路局一项长达十年的技术研究，对各种交通安全设施的效用进行了比较，交通标志被认为是性价比最高的交通安全设施。正是源于交通标志的重要作用，美国对于交通标志的研究已经长达近一个世纪，是世界上相关技术最为先进、技术规范最为系统的国家。美国的交通标志和标线设置手册 MUTCD（《交通控制设施手册》）被世界各国所广泛学习与借鉴。应该说，虽然交通标志是无声的，但是美国通过先进的技术手段与科学

---

❶本文作者：刘干、姜明、杨勇，发表于《道路交通管理》2016 年 5 月刊。

的设置方法,使交通标志成为最为及时与科学的交通信息传递手段,有力地保障着驾驶员的安全通行。

2015 年 12 月初,我们一行三人对美国的道路交通标志标线设施情况进行了实地技术考察,9 天的时间里先后途径旧金山、洛杉矶、拉斯维加斯、达拉斯、克利奇大学城、迈阿密、华盛顿、纽约共 8 个城市,涉足了共 9 个州的各等级道路。下面用纪实的形式对此次技术考察展开叙述,重点展现基于安全的技术应用亮点,以供借鉴。

第一,完整、系统的交通标志和标线标准体系

1918 年,美国威斯康星州在全国首先将公路体系予以标记,并用地图标明编号和标志的形状,用搪瓷薄板制作标志。1924 年,美国公路协会倡导建立联邦"标志统一规划",随后在 1927 年、1929 年,农业部颁发了《农村公路手册》,街道及公路安全全国会议颁发了《城市道路手册》,于 1930 年出版了《城市道路标志手册》。美国认识到道路交通标志统一性的重要性,于 1935 年出版了第一版《交通控制设施手册》(Manual on Uniform Traffic Control Devices,简称 MUTCD),见图 1。该手册也成了美国交通标志和标线的纲领性技术指导文件。随着相关领域研究的不断深入,MUTCD 的修订周期不断缩短。自 1935 年至 2000 年的 65 年间,仅完成了 7 次修订,而 2000 年至 2009 已经完成了 3 次修订,将交通安全相关领域的最新的科研成果与理念如路侧净区、宁静交通等均吸收其中,内容不断丰富,标准、规定更加规范、科学、合理。

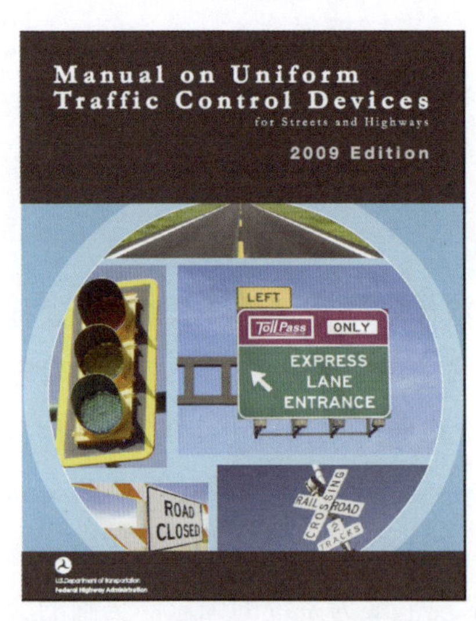

图 1 MUTCD:美国道路交通标志和标线的"根本大法"

最新版的 MUTCD,规定了交通标志、标线、信号灯的设置基本要求,同时从低交通量公路、临时性标志、学校区域、公铁平交、非机动车等几个方面,系统性规范了交通标志和标线的设置要求。为交通标志和标线的设置、施工与管理提供了充

分的指导。其系统性、规范性与科学性值得我国相关标准学习。

第二，注重交通标志的视认性

20 世纪 90 年代初，美国联邦公路局通过对大量的事故数据分析，发现夜间交通事故的严重程度是白天的 2 倍。基于此，1993 年，美国议会批准了美国交通部对夜间交通标志和交通标线逆反射系数最低要求的法令。经过长达 10 年的研究，2003 年，美国《交通控制设施手册》（MUTCD）中提出了交通标志和标线最低逆反射系数的要求。在四年后的 2007 年，MUTCD 进行修订，提出了保证交通标志最低逆反射系数值的养护方法。同时，MUTCD 给出了不同情况下，不满足最低逆反射系数要求的交通标志和标线更换时间节点。由此可以看出，标志的夜间视认性受到了美国交通安全管理部门的高度重视，并且投入了大量资金与时间开展相关研究。

这一点也深刻地体现在美国路上设置的交通标志之中。美国各地采用了多种光学技术的交通标志，其目的就是寻找最优的视认效果。

（1）最为广泛的是在逆反射标志的基础上加装外部照明装置，大量应用于各等级道路的指路系统，如图 2 所示。

图 2　逆反射标志加装外部照明装置

（2）其次是采用反光膜制作交通标志的同时，采用一种大广角且强反光的圆形晶片镶嵌于标志轮廓和文字图形，如图 3 所示。

图3 圆形晶片的采用

(3)新型LED点阵和内部照明的主动发光式交通标志较多应用于平面交叉路口或安全隐患路段,呈后来居上之势,如图4和图5所示。

图4 LED点阵交通标志

图5 主动发光式交通标志

这些增强交通标志视认性的技术措施，呼应了美国交通安全相关法律对机动车辆行驶中禁止使用远光灯的法令，确保了车辆使用近光灯在夜间也能够远距离视认交通标志，同时又满足了各种交通参与者使用不同交通工具时，对交通标志的全天候视认需求。访问美国得克萨斯州交通研究院(Teaxs A&M Transportation Institute，简称 TTI)时，我们从 Susan 教授和 Jeffrey 助理教授处得知，他们早已经有研究证明道路交通标志视认性与交通事故之间的必然联系，视认性较差的交通标志，往往会导致交通参与者错误判断或无法判断信息而诱发交通事故；通过提供视认性更加良好的交通标志(图 6)，能够及早预防和减少不必要的交通事故。技术交流现场见图 7。

图 6　逆反射标志结合 LED 点阵主动发光技术在恶劣天气条件下增强视认性

图 7　访问美国得克萨斯州交通研究院(TTI)开展技术交流

第三，注重弱势群体，保障行人与非机动车安全

(1)加强警告，宁多勿缺

为保障非机动车和行人的安全出行,美国设置了大量的警告标志。与弱势群体出行相关的警告标志数量之多令人惊讶,生怕驾驶员注意不到,如图8和图9所示。

图8 警告标志实例

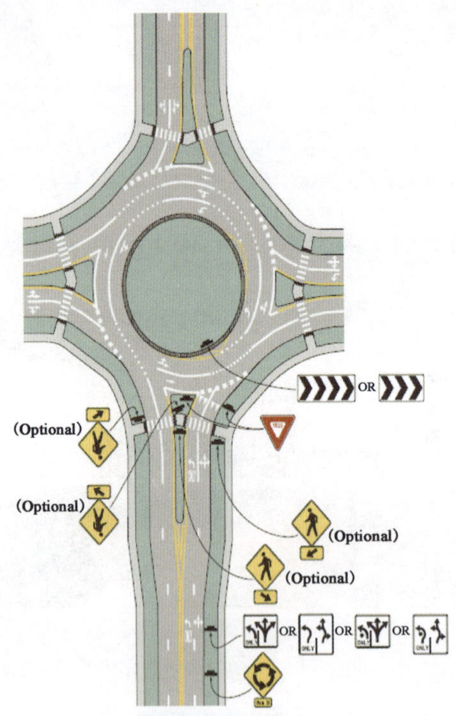

图9 警告标志布置情况

（2）提升视认，规格最高

为提升相关标志的警示性，美国的注意儿童标志采用了不用于其他警告标志的五边形形状，使驾驶员可以在很短的时间内辨认出该标志，保障学生的安全出行。同时，美国的注意儿童警告标志、行人警告标志设置尺寸大于其他警告标志一个等级，以提升标志的警示性，如图10所示。

图10　儿童警告标志

（3）减少干扰，强调实效

在城市街道的两侧，更多地为慢行交通和公共设施提供了丰富的标志语言，除了在交叉路口可以看见标有街道方位和名称的指路牌之外，路段沿线几乎没有影响城市空间的大型路牌类标志。咨询了当地驾驶员后我们得知缘由：一方面，在城市街道行驶的车辆驾驶员大多极为熟悉路网环境和交通法规，不依赖于道路上是否有相关标志信息，路口停三秒的规则习惯完全可以分辨出设置在该位置的标志信息内容，而丰富的慢行交通和公共设施标志更加方便于人们使用非机动车出行或步行；另一方面，先进的智能导航系统为驾驶员提供了准确到达目的地的便利。

（4）体现人性化，重视管理的安全本质

各类动物被形象地设计在黄色标志版面上，安装在动物可能通过的路段，以警示车辆保护动物的优先和安全通过。极少看到超速或闯信号灯抓拍装置，即便设置时也会在前方连续安装多块清晰醒目的提示告知标志，以达到让驾驶员守法行车的主要目的。

第四,强调预告与人机响应,体现人性化

(1)强调预告,保证安全实效

美国的交通法律规定,看见“STOP”停车三秒才能通过路口。为此,大量的交通流量较小的道路交叉口并没有设置信号灯,而是设置了八边形红底白字白边框的“STOP”标志。同时,为了使驾驶员安全地停止在路口,在“STOP”标志前均设置了警告标志,预告前方需要停车让行,给驾驶员以充足的停车距离。这种经济、安全、高效的交通管理方式已经演变为全部车辆驾驶员的日常行车习惯,以至于成为“车让人”交通文明的象征,如图 11 和图 12 所示。

图 11　前方停车让行警告标志

图 12　“STOP”标志

(2)突出高速公路出口,避免误驶

在高速公路出口的前方一定距离范围内连续设置驶出方向的信息标志,提

前预告出口，给驾驶员充足的准备时间。此外，多车道高速公路经常开辟专用出口车道，在出口标志中用黄底进行突出，给驾驶员以特殊警示。这样的措施使得驾驶员在出口位置没有选择机会和权利，只能及早提前决定是否驶出高速公路，长此以往养成在出口前方尽早做好准备的习惯。防范了很多驾驶员依赖于高速公路出口匝道处的两个方向信息告知标志，难免会出现信息选择的迟疑和停顿而产生安全隐患，导致该位置的交通事故高发，如图13～图15所示。

图13　专用出口车道

图14　收费站前不再存在出口的提示

（3）不同功能区，通过区分颜色提升标志视认性

当标志版面需要多种不同类别信息组合在一起时，科学运用了多种色彩鲜明的搭配，把包括黑色、白色、紫色、黄色、蓝色、绿色等不同的颜色进行合理区间规格设计，以使驾驶人更加快速准确地识别到所需要的主要信息。在飞机场周边区域的道路，所有涉及指引航站楼及其设施的交通标志，均采用了黑色底、白

色文字图形的风格，从色彩上给人以显著区别的进入低空飞行区提示，如图 16 和图 17 所示。

图 15　最右侧车道仅供出口车辆使用

图 16　区分颜色提升标志视认性

图 17　黑底白字风格的标志

往往在道路路侧最为耀眼夺目的标志当属于“注意行人（儿童）”，五边形或四边菱形的设计最大程度保证了图形的尺寸清晰，配以荧光黄绿色的反光膜极大地提高了视认性能。

（4）针对性采用多种结构形式，推广解体消能杆件，提升标志结构的安全性与灵活性

悬臂式和门架式标志的杆件采取了充分考究和非常牢固的钢结构设计，目测可以判断它们能够抗击可能发生的强烈撞击或者飓风、地震等自然灾害而不致倾覆。对于路侧立柱式标志的杆件，则采取了便于拆装和消能的钢结构设计（也有木制），杆件上部的规则孔洞既满足版面高度调节的需要，又能够在车辆撞击时轻易折断，杆件底部的紧固装置也会促使车辆撞击时杆件和基础分离，这些设计和设置都完全能够降低消除撞击能量而减轻损伤，如图18和图19所示。

图18　悬臂式标志

图19　门架式标志

通过本文对美国道路交通标志设计和设置技术的梳理，可以看出，我国的道路交通标志在管理理念和技术方面尚有极大的提升改进空间。

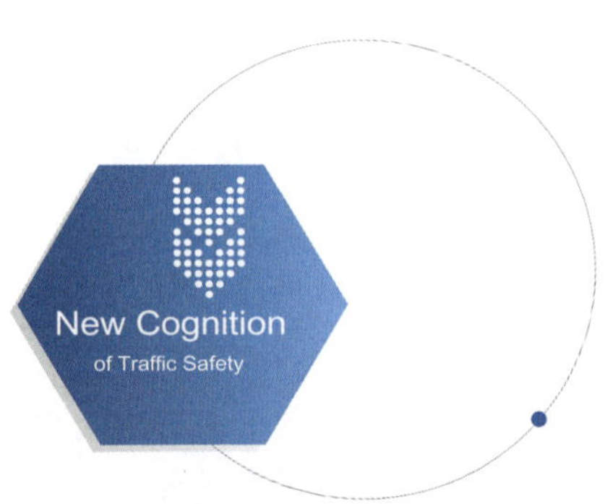

主动发光，让更多生命受益于道路交通标志产业升级[1]

道路交通标志（图1）是用图形符号、颜色和文字向交通参与者传递特定信息的交通管理设施，其主要功能有：体现道路交通安全法则的效力；明确交通行为规范；调节道路交通流量和提高通行能力；降低交通事故发生率，保障交通安全畅通。随着人口、车辆、道路与经济水平的同步发展，道路交通标志已经与人们的生活紧密相关，是交通参与者每时每刻都必不可少的信息和安全工具。最原始的道路交通标志，通常使用颜料、油漆、木材、铁皮制成，仅仅能够进行简单的良好视线状态下的近距离识别。

---

[1] 本文写在全国实施公路安全生命防护工程之际，发表于2015年第1期《中国公路》。

图1　道路交通标志

20世纪初，董祺芳博士（美籍华裔）发明并研制了反光膜技术，应用于道路交通标志制造业，使工艺和功能得到显著提升。尤其是在夜间，车辆的“远光灯”照射到交通标志版面反光膜材料上，产生定向回归（逆反射）光源，可以使得车辆的驾驶员能够远距离识认信息内容。近一个世纪以来，全球的道路环境管理依赖着逆反射原理的交通标志制造技术。但该技术的缺陷也显而易见，车辆的“远光灯”会导致灯光区的非机动车和行人处于视觉盲区，而不打开或不具备“远光灯”条件的交通参与者在黑暗状态下无法识别标志信息内容，交通秩序和安全因此产生多重隐患。

在我国，道路交通标志和标线的相关国家标准（GB 5768）最早发布于1986年，于1999年第一次修订，完全采用了反光膜技术。直到2009年第二次修订，增加了主动发光式、照明式两种光学模式的道路交通标志。而事实上，存在着明显功能缺陷的反光膜技术的道路交通标志，在几乎所有的公路上沿用至今。

1962年，通用电气开发出LED发光二极管。LED因其高亮、高寿命、低压、低能耗的优点，早已经被广泛应用于与道路交通标志类似的户外广告标识制造业。随着太阳能、风能等新能源技术的日益成熟，将反光膜与LED技术相结合，利用新能源，开发出一种适用于任意公路环境的主动发光道路交通标志，必将提高道路交通安全管理水平，有利于公路安全和生命防护。

从技术角度看，太阳能、风能等新能源已经广泛普及，LED具有高亮度、低能耗的实用性，应用于道路交通标志完全可行。

从功能角度看,LED 与反光膜结合使用,使得道路交通标志具备了自身“主动发光”的能力,能够在任何道路和气候环境中被交通参与者所视认,明显优于单纯反光膜技术的“被动反光”,其优越性显而易见。

从经济角度看,LED 和反光膜的技术结合应用,增加了 LED 材料成本,但降低了反光膜技术中的高反光亮度成本,提高了产品的整体性价比,是道路交通标志制造产业升级的良机,也是公路安全生命防护技术的实绩,社会效益与经济效益相得益彰。

近年来有这样一组公路安全生命防护工程实例:

2010 年 4 月,南京郑和高架快速通道下关大桥双向 S 形弯道陡坡段,增设了 52 套线形诱导和警告主动发光标志,重大交通事故再无发生。

2011 年 1 月,山西省太原—长治、太原—晋中国省道,在各交通事故频发危险路段设置了警告主动发光标志和暴闪警示灯,显著提高了交通安全保障能力,降低了交通事故发生频率。

2011 年 9 月,长深高速南京—天长段,设置了仿真警车警示主动发光标志 20 处,特定路段同比交通事故下降 60% 以上。

2012 年 8 月,京港澳高速郑州—安阳段、郑州—新乡段,在 20 个团雾高发地段安装了防雾警示主动发光标志,有效地避免了雨、雾、霾天气和夜间恶性交通事故的发生。

2012 年 11 月,安徽省 312 省道长山段,增设了 28 处警告主动发光标志和暴闪警示灯,在恶性事故频发陡坡安装了大型主动发光警示标志,极大地改善了道路交通安全环境,重大恶性事故得以避免。

2013 年 11 月,天津市静海县环湖道路,设置了 30 处禁令警告主动发光标志,交通事故发生率显著下降。

2014 年 1 月,南京市快速内环全线警告、禁令、指路均采用主动发光标志,成为全世界首条应用主动发光技术交通标志的快速路,雨、雾、霾天气和夜间交通事故发生率显著下降。

我国的道路交通安全形势不容乐观,每年道路交通事故导致的死亡人数和万车事故死亡率均高居世界前列。尤其是随着“村村通”工程建设的深入推进,

连城接乡、遍布村间的农村公路网与农民出行、农用车辆组成了一个新的以“农”为主体的交通环境。农村公路具有点多线长、弯曲狭窄、视觉障碍、车况低劣等不利于交通安全通行的因素，道路交通标志的创新设计和科学设置已经是当前农村交通安全管理工作的一个重点。人的交通安全意识淡薄、车的交通安全性能不足、路的交通安全设施存在技术缺陷，是道路交通安全形势恶劣的三大成因。寄希望于“主动发光”道路交通标志技术改变现状，无疑是一种创新。但是，道路交通标志要想完成“从被动反光到主动发光”的产业升级成功，还有着一大堆难题需要攻克。

第一方面，产品标准化的形成环境不佳。我国的道路交通标志实施的是强制性国家标准，即《道路交通标志和标线》(GB 5768—2009)。至今也仅仅是开了一个口子，“道路交通标志的光学模式有逆反射式、主动发光式、照明式”。而主动发光式道路交通标志的工艺、设计、设置、验收等规范在该标准中内容很少，标准只系统地介绍了逆反射式道路交通标志技术规范。这样使得主动发光道路交通标志在推广应用中非常乏力。

第二方面，产品的应用缺乏市场推动力。由于全球范围内的道路交通标志制造业长期依赖于反光膜材料，而反光膜的产品制造门槛极高，多年来仅仅被美国、日本等少数巨头企业掌握着尖端技术，并形成了资本化市场运作。反光膜应用于交通标志，有着稳定的需求、高额的利润、巨大的产业环境，促使那些少数掌握技术、拥有资本的巨头企业坚持宣传并引导道路交通标志制造业局限于使用反光膜材料，并仅仅在反光膜技术工艺上创新提升，影响着道路交通管理者的思路和选择。尽管近年来出现了一些致力于“主动发光”道路交通标志产品的制造公司，但是几乎全部是由普通逆反射交通标志制造厂家转型而来，很难在技术、资本、产业方面形成强大实力和影响力。道路交通标志具有特有的政府管理体制，受益使用者是普通百姓，但采购决策者是交通管理部门，新产品新技术的应用在普及速度方面有待提高。

第三方面，产品的不成熟工艺技术严重影响市场美誉度的形成。“主动发光”能够预防交通事故、照顾所有交通主体、改善道路环境、提升交通秩序的管理水平，显著的优势创造着更多的市场需求和机会。美中不足的是，集新能源、计算机程序软件、精密制造工艺、光学视认等高科技、多学科领域于一体的主动发光交通标志尚处于研发起步期，较多的普通交通标志厂家就开始了盲目的试制和应用。道路交通标志的使用环境决定了其应具有动态条件下被视认、瞬间传达文字图形信息、处于雾霾或黑暗状态仍然可视认等特点，LED 光源具有不同的散光、强光、弱光等特点，二者结合应用必须考虑视认性能和对人的视觉影响。浅显地说，LED 发光二极管设置于标志版面，若不经过科学工艺处理或设备改良，单个或少量地在施工作业区放置尚能适用，一旦大范围或在整条道路密集地工程应用，视觉效果会大打折扣。家庭作坊式的小厂家对这方面认识不足，往往缺乏研究能力，随意的工程应用导致交通管理者、道路使用者产生功能效果误区，不利于市场普及。

从被动反光到主动发光，是道路交通标志产业的一次技术创新，需要一个较长时间来完成从推广到使用，再到品质认知的过程。例如很多业主和用户，在产品设计和使用中片面地要求能源的配置，而不明白节能效率和持续发光工作时间才是关键；过高提出发光像素的强度，而缺乏科学的光学与视认标准；盲目坚持沿用版面反光膜材料级别亮度，而缺少对产品整体功能的理性和经济考虑。这些都还需要长期正确引导，从而影响行业规范化发展。

从全国交通工程设施（公路）标准化技术委员会了解，主动发光道路交通标志早已于 2009 年 9 月立项申报国家标准。由交通运输部公路科学研究院、南京赛康交通安全科技股份有限公司共同组建的标准起草工作组，通过大量的试验和分析研究，先后开展并完成了“主动发光道路交通标志发光像素视觉融合性研究”“基于物联网技术的远程智能信息系统研究”“太阳能压降分析式电压输出光控装置及方法研究”等课题。2013 年 11 月，标准起草工作组将《LED 主动发光道路交通标志》国家标准送审稿提交专家组评审并通过，形成了正式报批稿，有待国家标准化管理委员会颁布实施。

国务院办公厅近日印发的《关于实施公路安全生命防护工程的意见》中着重强调了《公路安全生命防护工程实施技术指南》，道路交通标志的科学规范设置是其中一项重要任务，以“主动发光”为技术创新的道路交通标志产业升级迎来重要契机，“主动发光”有望成为公路安全的重要保障技术。

主动预防、智能预警、稳静控制，创新交通标志信息管理技术[1]

尊敬的各位领导、专家和来宾，下午好！

感谢大会组委会给我这样一个机会，在这里与大家共同交流智能交通技术的创新。

我今天报告的创新内容，关乎的是传统并且属于基础性道路交通安全设施家族中的交通标志，它既是最为重要的交通管理信息载体，也与所有交通参与者最为密切相关，并且必不可少。交通运输部副部长王昌顺今年初在公路科学研究院调研时指出，如果能够把我国的交通标志问题解决好，就是为我国人民做成了一项伟大的事业。

[1]本文为在2015中国智能交通年会上的报告。

交通标志技术创新的背景

众所周知，曾经的金房产、银路桥的高速增长过热时代已经一去不复返，而今天大家济济一堂所面对的是事故频发、秩序混乱、效率低下的交通发展难题。在所有的交通问题和难点之中，高发的交通事故和惊人的死亡数字是过去的道路交通规划、设计、建设、管理遗留下的旧债，需要用新的方式方法去偿还。

在安全生产管理中有一个理念，就是安全的相对性和事故的绝对性并存，要想获得一个安全的生产环境，需要通过预判发现事故的危险源，去主动预防事故的发生。当然，道路交通安全管理也不应当例外。

根据统计和分析，道路上的恶劣环境行车事故、路侧翻车事故、交叉口/弯道事故最容易导致重大伤亡（图1），这些类型的事故又具有早晨、傍晚、夜间和恶劣天气条件下高发，货运车辆、大型客运车辆高伤亡的特点。我们通过对这些伤亡事故的研究也发现，完全可以通过更加科学的规划设计、更加完善的道路设施、更加合理的管理措施，给予交通参与者足够的感知和警示，以避免事故的发生、减轻事故发生所导致的生命财产损伤。

图1 城市行车事故

注：2015年8月5日下午，在郑州市建设路西三环桥上，一辆现代车由北向南行驶时撞上路中间的石墩护栏，造成一对七八个月大的双胞胎婴儿与妈妈当场死亡。

当然，我们还需要构建一个科学系统的道路交通事故研判模型。根据我国官方对道路交通事故的成因统计，道路的因素占据了0.12%，而根据美国官方的报告，这一数据则是直接和间接因素高达29%。我们国家是否真正提供了一个安全的道路交通系统呢？

前不久我参加了中德道路交通安全论坛，获悉德国几乎把所有的道路交通事故死亡归结于7种因素，并向交通警察下达了消除隐患的任务。而以德国为主要成员的欧盟提出了道路交通事故零死亡的战略目标，并施之以7项措施，其中采用更加安全的道路基础设施、更加创新的现代科技、保证易受伤害道路使用者的安全，都与我今天汇报的主题息息相关。

在今天的智能交通大会上，请允许我大胆向在座的领导和专家们提出一个问题，当我们三步一岗、五步一哨，动辄亿元级的抓拍、监控摄像系统建设投入之后，为什么交通的安全、秩序、效率，这三大问题却没有得到根本性的解决，甚至于此消彼长？

交通标志技术创新的支撑点

伴随城市化的进程，我们对现代的道路交通标志已经提出了行为规范、法定效力、提高效率、保障安全、信息工具的多种功能性要求。我国《道路交通安全法》明文规定交通标志属于法定信号，应当满足道路交通畅通、安全的要求，并保持清晰、醒目、准确、完好。

我国最早于20世纪80年代初引进了美国的反光膜材料制作交通标志，沿用至今。一直以来，交通界的研究人员仅仅意识到反光膜制作交通标志带来的良好夜间反光视认性优点，却鲜有人研究它的技术缺陷和不足，以及直接或间接产生的交通安全隐患、导致发生的交通事故。

反光膜采用的是逆反射视认技术，简单地说就是借助机动车辆的前照灯灯光照射向交通标志板，产生一个定向回归的反射光线，使得车辆驾驶员视认。在动态的交通环境中，驾驶员需要远距离识别交通标志信息才能够获得足够的提前操作反应时间，而这就使得其必须打开车辆远光灯。正是远光灯这一问题，无数起交通事故因它发生、无数条鲜活的生命被它所伤害（图2）。同时我们还要认识到，交通标志不应当仅仅服务于具备远光灯条件的车辆，还有更多的行人、非机动车、灯光光效欠缺的机动车辆也需要全天候清晰地视认交通标志。

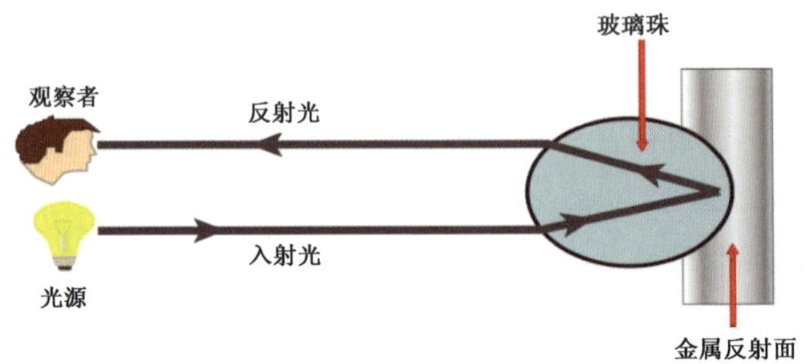

标志在车灯照射下形成的逆光反射光锥

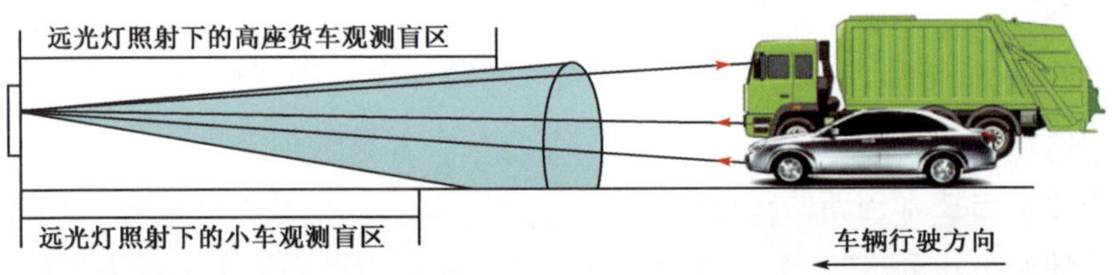

图2 依赖远光灯的危害

早在10年前,同济大学潘晓东教授就开展了“逆光条件下交通标志的可视距离研究”,该研究明确提出了早晨和傍晚,车辆迎着太阳光时,交通标志处于逆光环境中,难于甚至无法视认交通标志,极易让驾驶员产生误判甚至于眩晕(图3)。遗憾的是,如此显著的一个严重道路交通安全隐患问题,研究仅仅开展到发现问题的这一步,再无下文。直到2015年7月,在交通运输部公路安全工程研究中心与赛康交安公司的联合之下,才攻克了这一安全隐患难题。

图3 逆光下无法视认

雨、雪、雾、霾等恶劣天气环境条件下，受限于车辆灯光的光效，传统的反光型交通标志形同虚设。

城市商业发达的街区以及广告林立的道路两侧，过度的霓虹灯、照明亮化比比皆是，严重削弱了交通标志在道路系统中的视认效果。

反光膜采用的是高分子化工材料和树脂黏合技术，使用寿命具有不稳定和不持续性，在道路上经常可以看见反光失效的现象。在一些潮湿寒冷的环境下，产生的版面结露也会给交通标志带来视认模糊。这些都是直接或间接的交通安全隐患，需要我们去认知。

在美国、欧洲、日本等一些发达国家或地区，他们更加重视道路交通安全设施的基础性研究，通过增加外部照明系统去满足交通标志全气候条件下的视认功能，保障交通安全和畅通，如图 4 所示。

图 4　欧洲交通标志增加外部照明

在交通标志技术发展史上，我国走过了 1955—1982 年的铁皮油漆和搪瓷标准规范研究时代；走过了 1986—1999 年的反光膜标准规范研究时代；从 2005 年开始，公安部交通管理科学研究所率先开展了太阳能 LED 交通标志的标准和应用研究，直到 2015 年的今天，我国已经有超过 10 部国家、行业和地方标准技术规范支持交通标志的新型光学技术创新，示例见图 5。

GB 51038—2015《城市道路交通标志和标线设置规范》

4.交通标志的基本要求
4.6 材料要求
4.6.1 标志版面反光材料及照明应采用环保节能材料，并应符合下列规定：
2 标志应采用逆反射材料制作版面，也可根据地形、观测角度、日照等情况增加主动发光式或外部照明设备；
6 位于行车道上方标志版面的逆反射性能，宜比路侧标志提高一个等级。当采用Ⅴ类反光膜也无法保证视认时，宜增加标志照明系统；
7 隧道内指示紧急电话、消防设备、人行横洞、行车横洞、紧急停车带、疏散等标志，应采用主动发光或照明式标志，其他标志宜采用主动发光或照明式标志；
8 主动发光标志和照明式标志在夜间均应具有150m以上的视认距离，其材料及制作要求应符合现行国家标准《道路交通标志和标线》GB 5768.2的规定，并宜使用透光型反光材料制作。

图5 《城市道路交通标志和标线设置规范》(GB 51038—2015)摘录

交通标志技术创新的成果

自2009年以来，赛康交安公司开展了大范围、持续的主动发光道路交通标志研究和开发。在2013年，我们争取到了国家开放课题“LED主动发光道路交通标志像素视觉融合性研究”，深入研究了LED交通标志在动态视认环境条件下的光波、光强、光衰、光效、光色等一系列技术问题，开发出了适用于各等级公路的点阵型主动发光道路交通标志(执行GB/T 31446—2015国家标准)，以及适用于城市道路的背光源型半透和全透发光标志(执行JT/T 750—2008行业标准)。这些技术和产品在不改变原有反光结构和功能的前提下，已经得以投放市场，全面改善和提高了道路交通标志的视认性能，真正实现了“主动防御”交通事故的发生。

伴随交通标志新型光学技术的难题被攻克，赛康交安公司又进一步将物联网技术融入交通标志，促使交通标志从静态管理设施向动态管理工具转变。

智能动态指路标志，是通过地感线圈、指挥平台、手机APP三种方式实现即时向交通参与者告知最近的周边路段路况信息的功能，将为当前各类城市的“缓堵保畅”发挥重要作用，如图6所示。由于新技术的诞生，其成本仅仅是传统光带式路网信息板的四分之一，无疑是传统指路标志和光带式路网信息板的全面升级替代品。

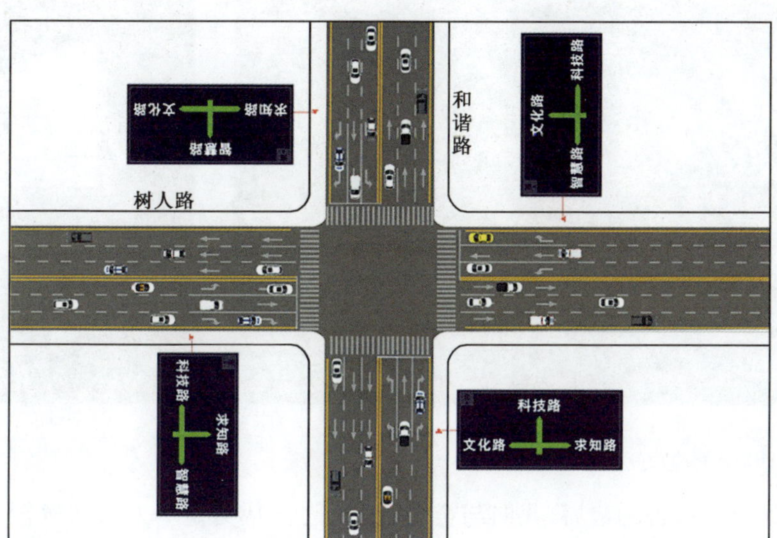

图6 智能动态指路标志

复杂道路环境下的交叉口行人过街感知标志，是通过远红外线捕捉行人的影像，将行人过街的信息迅速反馈到距离路口前方的标志版面，急促地闪烁发光以警示车辆驾驶员谨慎慢行。

恶劣天气环境下的动态显示标志、提高清晰视认性和更加节能的环境照度自动检测调节光效装置、道路积水路段自动感应告知装置、恶劣天气高速公路防追尾防撞系统、速度控制系统、仿真静态隐患点待命巡逻模式系统，都因为新型光学技术的创新成功而更加智能和智慧。

在快节奏、高压力的城市生活环境下，人们越来越追求高品质的生活，降低噪声、交通稳静化措施成为交通管理者和交通设计师们的研究课题。对于居民生活区，设有环境照度自动检测调节光效装置的背光源标志，能够让车辆驾驶员远距离预判交通信息，避免不必要的制动、鸣笛和使用远光，可以给小区营造一个更加宁静的交通环境(图7)。

图7　夜间街区交通稳静化

在我今天报告的最后,我向与会者们呼吁:自从美籍华人张秋教授1978年把交通工程学带入我国以来,交通工程学一直是一门车辆工程、道路工程、人机工程、环境工程等多学科相互渗透的交叉学科,而道路交通安全设施的研究和开发,又是在交通工程学的基础上融入计算机、光学、力学、材料、结构、环境艺术等繁多领域内容的融合性课题。我国的很多院校开设有交通工程的课程,但其中涉及包括交通标志在内的基础性交通安全设施的学习和研究还非常欠缺,传统的道路交通安全设施企业尚不具备规模研究能力。在我国智能交通技术已经大发展、高投入的当下,重视并研究好基础性交通安全管理设施,吸收、消化、利用并创新,使之成为承接车路协同的载体,不仅有利于道路交通环境中最基本的安全保障、秩序规则建立、通行效率提升,也必将大大促进智能交通、智慧城市领域的新技术应用,做到事半功倍、水到渠成。

“仿真警车”走红，“生命安全”受益
——公安部发布《仿真警车警示装置》行业标准[1]

经公安部技术监督委员会批准，公共安全行业标准《仿真警车警示装置》于2015年3月3日正式发布。这个道路交通安全产品“仿真警车”，最早由网友“bandeng569”于2011年12月13日晚19时27分在天涯论坛发布，随后被各大论坛和微博纷纷转发，从而一路走红3年多。通过百度搜索关键词“仿真警车”，可以找到约3.2万条结果、683篇相关新闻。在相关新闻报道中，由于“仿真警车”对道路交通安全问题确有预防作用，切实扼制了特定路段的交通事故发生，公安交警部门几乎一边倒地叫好。同时，也有极少数的“懒政、惰政、稻草人”评论被湮没在更多的叫好声中。

[1]本文写于2015年3月。

行业标准的发布，按照该产品研制和标准起草单位南京赛康交通安全科技股份有限公司（以下简称赛康交安）的说法，是使得“仿真警车”的应用上升到一个新的高度。

首先，标准中明确定义了该产品是一种仿照制式公安警车尾部式样制作的用于道路交通安全警示的装置。在仿真警车警示装置（以下简称仿真警车）推向市场之初，由于产品的外观是仿制公安警车尾部式样制作，产生“假警车”之嫌在所难免。在仿真警车没有出现之前，对于事故多发的道路安全隐患路段或位置，通常是使用“警车停车待命巡逻模式”（详见2010年第1期《交通信息与安全》，原文《高速公路警车停车待命巡逻模式》）。因采用警车停车待命巡逻模式需要配备驾驶人员值守且车辆保持运转状态，导致了人力和燃油的消耗，被撞伤亡事故也时有发生。仿真警车的出现，使得过去沿用的模式有了更好的替代，并提高了多方交通参与者在隐患路段的安全性。由此可见，仿真警车替代的是一种交通安全隐患预防和治理措施方法，其根本不是所谓的“假警车”，也没有利用“假警车”从事任何违法活动的含义，仅仅是一种仿真技术在交通安全领域的应用而已。行业标准的定义，一锤定音，有理有据。

其次，标准中明确了该产品的各项技术指标，包括其外形应与制式警车尾部轮廓相似，比例大于等于1:1。仿真警车自出现在市场上以来，广泛应用于交通事故多发地段、施工作业区等道路安全隐患点，大量的市场需求催生了市场上层出不穷的不法厂家进行仿冒制造，外形四不像（如仿路政用车、改变制式警车外形等）、质量良莠不齐。据了解，赛康交安是仿真警车的最先发明者，也最早持有专利知识产权，此次又在产品的标准制定方面进行了大量的研究。仿真警车的功能服务对象是道路交通安全，注定了其自身属于公共安全产品的范畴，这就要求产品既要能够真正预防和减少交通事故，又要不存在自身安全隐患或不致二次伤害。产品外观对车辆驾驶员视觉的影响、产品品质对使用功能的影响，均是专业的研究课题。生产仿冒、伪劣、侵权产品的小厂家，顾全利益而根本不考虑技术性能，三无、劣质产品流向市场严重损害了仿真警车的真正使用目的和意义。有了可执行的技术参数，也就有了产品是否合格的检测依据，为仿真警车更大范围的应用普及提供了品质判别标准。

最后，标准的发布代表了对创新道路交通安全设施产品的肯定和支持。以往，我国道路交通安全设施产品在应用技术上发展较慢，长期依赖简单的金属、反光材料结合应用。仿真警车是将多行业多学科技术集成应用，包括：实景全彩反光膜制作方法（赛康交安发明专利）、太阳能供电系统、LED交通标志发光像素视觉融合（由赛康交安承担国家交通安全重点实验室开放课题）、太阳能压降分析式电压输出控制方法的自动感光调光装置（赛康交安享有软件著作权）、高仿真和消能防撞结构技术等。将多项企业持有的专利技术转化为行业标准，促进新技术、新产品、新工艺、新方法的应用普及，无疑是给道路交通安全管理提供了强进的应用创新和产业升级动力。

公安交警部门在各类新闻中的发言证实，仿真警车的设置能够有效降低特定交通安全隐患路段的事故发生率60%以上，所产生的社会经济效益巨大。对一些长期在夜间或恶劣天气条件下驾驶货物运输车辆的驾驶员调研得知，仿真警车的设置是预防疲劳驾驶、超速驾驶的镇静剂，广大货运车辆驾驶员无不拍手称快，鼓励增加设置数量。

真心希望公共安全行业标准《仿真警车警示装置》的发布，能够更大地助力“仿真警车”走红，让更多的“生命安全”受益。

农村公路信息化、安全化，当从标志设施抓起
——分析农村公路标志设施的设置与管理[1]

随着“村村通”工程建设年复一年的深入推进，连城接乡、遍布村间的农村公路网与农民出行、农用车辆组成了一个新的以“农”为主体的交通环境。农村公路具有点多线长、弯曲狭窄、视觉障碍多等不利于交通安全通行的因素，要想有一个良好的交通安全运行秩序环境，把这些不利因素进行信息归类并反馈给出行者，设置必要的安全防护设施以消除不利隐患，是当前农村交通安全管理工作的一个重点。

我国农村公路建设起步晚但发展速度快，信息化、安全化管理工作涉及千头万绪，无论在人力、财力、物力方面都是一个系统而长期的巨大投入。如果能够

[1]本文发表于2008年第4期《交通建设与管理》。

在较短的时间内用较低的综合成本进行有效管理，从而达到减少交通事故发生并提高农村出行者交通安全防范意识的目的，必定是益民之举。

无论是基础的交通标志、标线、防撞防护设施，还是智能化的交通监控、测速、分流系统，都是解决交通安全的有效手段。通过交通安全设施的合理设置与管理，影响人们的驾驶行为直至提高交通安全防护意识，得到了当前交通安全管理者与受益者的一致认可。就我国农村公路的现状而言，首先从交通标志设施的设置与管理抓起，既是将农村公路进行信息化、安全化管理的必然措施，也是符合农村公路成本投入与收益回报有限条件的高效手段。

每一块交通标志牌，上面都以文字或图案的形式记载着所处公路周围的各种信息，对于出行者而言是会说话的指挥员、好向导。在不同的路段设置不同信息记载内容的交通标志牌，给人们提供法定条件下的明确信息以利于通行，稠密复杂的农村公路情况就会通过合理设置的交通标志而变化成为清晰畅通的交通信息网。由于技术的进步，现代交通标志设施可以利用先进的反光材料、发光材料、LED 低压光源、太阳能自然能源等加工制造，其鲜艳的色彩与图案信息无论在白天或夜间都具备极强的可读性、警视性而可以起到远距离辨认方向、信息的功效。交通标志的设置，可以有效预防车辆行人的盲目行驶而避免交通事故发生，尤其在村庄星罗棋布的农村，犹如一个个保护出行者的安全哨兵。

尽管交通标志设施的设置与管理是一项投入低、过程短、见效快、成效大的农村公路信息化、安全化建设必要工作，但当前大量的农村公路仍然存在严重欠缺标志设施的现象。车辆开进农村公路，常会出现驾驶员晕头转向、四处打听方向、不知前路何况何样的情况，小碰小撞、翻沟掉河的交通事故时有发生，极不利于新农村的长远建设与发展。造成这一现象的主要原因，一是农村公路建设只重视主体工程，轻视交通安全设施这些附属工程，主体路面竣工就通车而忽略标志设施的设置。二是资金来源无处落实，农村公路的工程建设单位和交通安全管理单位通常不是一个部门，有人建少人管、有钱建无钱管的情况时而存在。三是农村公路通常被认为是本乡本土的农民自己使用，是“轻车驾熟路”，意识上认为标志设施的设置可有可无。四是农村公路的交通标志和交通安全设施既没有标准规范也没有村规民约，主管部门不设置则农民也不知情不提要求，农民出了交通事故也无从追究相关责任，使得标志设施更加可有可无。五是标志设施一旦设置则散布沿途，偷盗损坏给管理维护带来极大成本，设了可能也只是设几天，增加了标志设施设置的实施难度。由此可见，要真正使得农村公路信息化、安全化的管理水平得到提高，交通标志设施的设置与管理无疑是值得细化落实的一项重要工作。

标志设施的设置应当根据农村公路特点，结合实际情况，统一规划，统筹安排，科学合理灵活应用。“村村通”工程中，大部分农村公路的路面设计仅仅能够满足于阴雨天通行、单向通行条件，而没有过多考虑使用寿命和经济发展速度。交通标志的设置可以考虑以指路、警示类为主，禁令类标志少设或不设。标志的使用寿命建议两年左右即可，以减少经常更换的成本。标志牌面与立柱可选用镀锌铁板，牌面与立柱均采用焊接加工，降低成本的同时增加偷盗损坏难度。在农村公路的沿线，可以考虑利用视线良好的树干、水泥杆、农院墙壁等安装标志牌。标志设施的设置与路面工程施工同步进行，在设计上安排专人沿线考察进行设计，统一采购加工成品，在路面通车前安装完毕。

标志设施的设置要充分考虑农村公路的行车特点，满足白天与夜间不同出行者的安全需要。在农村公路上，农用机械车辆、摩托车辆等机动车辆行驶较多，这些车辆通常不具备良好的灯光条件，依靠光源反射的被动型反光交通标志在夜间形同虚设。近年，随着太阳能 LED 光源、蓄光自发光材料的技术成熟，主动发光型交通标志已经得到推广应用并且综合经济效益显著。在村庄出入口、小学校门、河沟急转弯等安全隐患较多的路段，应当适当设置以自身为发光光源的主动发光型交通标志，以达到更为良好的视认性，保障安全。

标志设施的设置要有据可查、有法可依。农村公路同样属于我国交通环境体系，同样参照道路交通管理的各项法律法规，标志设施也要根据相关国家行业标准及法律规范进行设置。图案、文字要统一规范，严格按照《道路交通标志和标线》（GB 5768—2009）以及《公路交通标志板》（JT/T 279—2004）技术标准，信息内容要真实精确，才能够真正起到安全向导的作用（图 1）。针对农村公路的标志设施容易被盗被损的现象，可以在产品加工与安装期间进行统一编号登记，在产品上增加防盗标记，在标志的背面标注公益宣传语，以利于将来的管理查证与信息归类。

图1 道路交通标志

农村公路的标志设施及其他交通安全设施的管理应当统一归口，当作一项公益事业宣传引导农民的自我监督管理。由于农村公路点多线长，不同于城市道路和其他等级道路便于巡查维护，在巡查维护的时间与人力安排上更加困难，需要依靠县、镇、村三级进行分级定责管理。参照封山公约、护林公约，也可以编写交通安全公约，把标志设施的维护监督管理写进村规民约中，设置专门的监管员，以确保实时实地有人管并管得好。

科学合理地设置与管理交通标志等安全设施，使之在农村公路的交通环境中起到引导安全意识、保障生命财产安全的作用，无疑是一项益于民生的交通大计，更是造福我国亿万农民迫在眉睫的大事。经济发展，交通先行；生活幸福，安全先行；农村公路安全，标志设施先行。把出行的人们“走得好、走得了、走得安全”落到实处，农村公路标志设施的设置与管理工作必定会得到社会各界的大力支持。

高速公路指路标志视认性改善研究与实践[❶]

摘　要:在分析高速公路指路标志视认性现存问题的基础上,从标志的信息量、关联性以及新技术等方面研究相应的改善途径,并结合 G12(珲春—乌兰浩特)高速公路长春东互通立交指路标志改造工程案例特点,提出了该互通立交的指路标志系统的优化改造方案,在提高标志视认性的同时,保证了行车效率与安全。

关键词:高速公路;交通标志;视认性;主动发光

引言

高速公路指路标志相比禁令、指示、警告标志,其信息内容较多,尺寸较大,起到为驾驶人提供道路信息,对交通流进行引导的作用。而高速公路指路标志

---

❶本文作者:邹礼泉,刘干,发表于 2015 年第 6 期《交通与运输》。

的视认性好坏直接影响到路网运营效率和行车安全,特别是在匝道出入口处,驾驶人需进行减速、变换车道等复杂运行,同时还要识别大量指路信息。若指路标志视认性不佳,一方面会导致行驶速度过快的驾驶人没有充足时间对指路信息进行认读,从而走错方向,带来时间浪费和经济损失;另一方面驾驶人为增加视认时间必然要降低车速,极易导致与后方车辆产生速度差,存在追尾事故的隐患[1,2]。如2015年6月,在沈海高速晋江互通路段,因外地驾驶人未能提前对匝道出入口处的指路标志进行视认,临近匝道口处才仓促变道,与内车道的大客车相撞,造成人员伤亡。

关于指路标志视认性问题,国内外已进行相关研究。国外方面,美国NCHRP采取现场试验与室内试验相结合的方法针对高速公路标志信息量对驾驶人产生的负荷问题进行研究,并建立了信息量与交通事故的定量关系[3];国内方面,王建军结合西安路网,通过对信息分类、分级和节点划分的方法,提出了道路交通标志优化设计方法[4,5];姜军根据不同光照条件下驾驶人视认指路标志的特性数建立模型,计算指路标志设置参数[6];丁柏林研究了一种新型发光道路交通标志,通过与传统反光膜技术相比较提出LED背光源标志的优势[7]。

在现有研究成果的基础上,本文将结合实际工程案例提出高速公路指路标志视认性改善途径,这对减少高速公路交通混乱、事故频发,提高行车效率和安全具有现实意义。

一、高速公路指路标志视认性存在的问题

1.指路标志信息量过载

通常高速公路匝道出入口标志信息过载(图1)原因有如下两点:

(1)随着国内城市逐步向国际化迈进,指路标志通常使用中英文对照,各地方路名、地名英语、汉语拼音应用混杂,英语大小写不统一,汉语拼音未注音,不仅其本身认读性差,还降低了标志版面的利用率,对有效的汉字信息传递造成干扰。

(2)缺少对指路信息的分层筛选,级别过低地名信息放置在标志版面上,无

法对外地驾驶人进行有效的路径引导,甚至造成驾驶人决策失误,迷失方向。

图1 高速公路标志信息量过多

2. 指路标志信息缺乏连续性

行车过程中,驾驶人会接受较多的信息,如道路线形变化、车辆运行情况、信号灯、商业广告等,这均会对指路信息产生干扰,同时,驾驶人记忆认知能力有限,不可避免地产生遗忘。这都要求对重要指路信息进行连续指引。

高速公路指路标志通常存在信息不连贯的情况,前后指路信息不匹配或突然缺失,缺乏连续性,部分预告信息提前量和重复次数不合理。如大量指路标志设置在匝道出入口处,但缺少对匝道出入口信息预告标志的设置,导致驾驶人行驶到此位置前方,突然接受大量指路信息,没有任何心里预兆,无法在短时间内进行认读,给驾驶人带来困惑,埋下交通安全隐患。

3. 恶劣环境下逆反射标志的视认性缺陷

《道路交通标志和标线》(GB 5768.2—2009)[8]中,对交通标志分为逆反射材料、照明和主动发光三种类型。目前国内高速公路使用的指路标志绝大多数是传统的逆反射标志。

逆反射标志版面在车辆前照灯光线照射下,由于光的衍射性能,在反射时会形成光锥,并形成核心亮、周边暗的特征。在标志与车辆一定距离下,不同车型观测角存在差异。根据研究,不同车速、汉字高度下标志视认距离为 50 ~ 150m,

其标准小汽车观测角为0.2°～0.9°，大型车辆观测角为0.5°～2.0°，即大车的观测角要比小车大一倍以上，大型车辆驾驶人的视线靠近反射光锥的外围。同样，车辆前照灯光对标志增大的入射角（包括车辆前照灯光与标志版面法线的纵向与横向夹角）也将使标志逆反射性能下降，如图2所示。

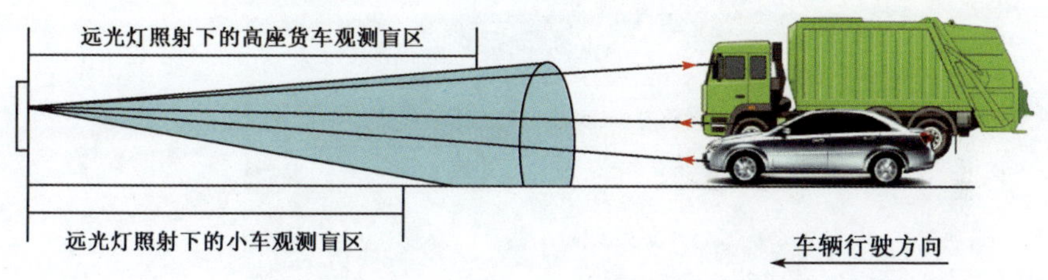

图2　不同驾驶人眼高区别示意图

根据上述原理的试验结果，门架、悬臂等位于道路上方标志采用路侧同样等级的反光膜材料时，其逆反射效果只能达到路侧设置的15%左右，而且高速公路大部分指路标志，均设置在车道上方，其夜间视认距离对于不同类型车辆驾驶人有较大差异。

此外在逆光、暴雨、雾霾等恶劣天气下，逆反射标志视认性明显降低，当驾驶人不能使用远光灯时（光线发生散射），存在安全隐患，如图3所示。

图3　雾天标志视认性降低

为解决上述问题，欧美等发达国家通常在标志上方或下方设置外部照明装置(图4),对标志进行补光,以外力增加车灯的照射效果,提高标志的视认性。但增加的照明装置对标志杆件的承载能力要求高,成本较高。并且外部照明标志晚间实际效果欠佳,白天尤其是在晴朗天气,照明灯具的阴影本身影响标志视认。

图4 瑞士加装外部照明标志

二、改善指路标志视认性的途径

针对高速公路指路标志视认性现存在的问题,本文将从指路标志的信息量、关联性以及光学视认新技术这三个方面对标志视认性进行改善。

1. 优化过载指路信息

根据相关资料研究表明,对于100km/h车速的驾驶人来说,对指路标志信息的视认时间约1.8s,能在这段时间对标志信息认读的字符数一般不超过30个。因此对过载指路信息进行筛选、精简,能减少驾驶人视觉认知负担,提高信息传递的准确性。

针对信息过载原因,本文提出两方面的优化改进途径:

(1)GB 5768—2009并没有对指路标志须采用中英文对照做出明确规定,并且考虑到高速公路的指路标志是为机动车服务的,车辆高速行驶时,基本无法识别英文字母,因此指路信息可只采用汉字表达,提高版面利用率和视认性。

(2)明确指路信息的级别,应根据道路等级、服务功能和重要程度,对指路信息进行分级,通常一级信息选用高速公路、国道等重要路名,直辖市、地级市等

重要地名;二级信息选用省道、城市主干道等较重要路名,县及县级市等较重要地名;三级信息选用县、乡道等一般路名,乡、镇、村等一般地名。当高速公路与各个等级道路连接时,可参考如表1选择信息[9]。

互通式立交标志信息要素选择参考　　表1

标志所在位置	主线方向(直行方向)	被交道路方向(出口方向)		
		高速公路、国道、城市快速路	省道、城市主干路	县、乡道、城市次干路和支路
高速公路	一级、(二级)	一级、(二级)	(一级)、二级	(二级)、三级

2. 指路信息连续性设置

指路标志系统传递信息必须保持路径引导的一致性,连贯性保持前后呼应,避免信息传递的突然增加与丢失。

指路信息连续性设置要求如下。

(1)指路标志系统的信息应连续:

①预告标志中出现的信息应在告知标志中再次出现。

②某一信息一旦出现,应在到达该信息之前的指路标志连续出现,不应中断。

(2)指路标志系统的信息应相互对应:

①入口预告标志与入口标志布置形式和内容相一致,且其中的目的地名称信息、地理方位信息与入口地点、方向标志版面内容对应统一。

②出口预告标志中的信息应体现在相应的出口标志中。

③距离标志上的第一行信息应体现在出口预告标志、出口标志以及驶出高速公路后相衔接的国道、省道平面交叉路口路径指引标志之中。

3. 大量应用LED主动发光技术

根据《LED主动发光道路交通标志》(GB/T 31446)国家标准[10],LED主动发光标志与传统标志相比,能够在各种环境下被远距离视认,特别是遇到雾霾、雨雪等恶劣天气,行车无须开启远光灯,驾驶人便能对指路标志信息进行清晰视认。

从功能角度看,LED主动发光标志在夜间的视认距离是传统标志的2倍,在不良天气状态下是传统标志的4倍。驾驶人无须降低车速就能在较远的距离对指路信息进行识别、认读,提前做出正确决策,有效地减少匝道出入口各车辆的速度差，降低了交通事故发生的概率。

从能源角度看，LED 主动发光标志采用太阳能、风能为供电，能耗极低，不受地理位置影响，清洁、低碳、绿色符合可持续发展理念。

从经济角度看，LED 和反光膜技术结合应用，虽增加了 LED 材料的成本，但降低了反光膜技术中的高反光亮度成本，提高了标志整体性价比，社会效益和经济效益将相得益彰。

三、长春东互通立交指路标志改造案例

1. 项目背景

长春东互通立交是京哈高速和珲乌高速相交的重要节点，京哈高速公路是首都北京到冰城哈尔滨的放射线高速公路，珲乌高速是由原国道主干线同三线支线长春—珲春段、国家重点公路长白山至阿尔山线长春—乌兰浩特段组成。

长春东互通立交位于长春市的东部，为全互通形式，北至哈尔滨、南至沈阳市、西至长春市、东至吉林市，对巩固提升长春区位优势，促进长春乃至全省经济发展至关重要，见图 5。

图 5　长春东互通立交地理位置

2. 指路标志视认性优化改造方案

长春东互通立交指路标志系统改造工程于 2015 年 9 月竣工,完成了对标志版面、设置位置以及发光形式的全面优化升级,标志视认性显著提高,高速公路的管理水平、通行效率和环境品质均有所改善。

(1)梳理指路信息,避免信息过载。

为保证驾驶人在有限时间内认读完指路标志所传递的信息,标志版面的信息量应适中,不宜过载,且排列有序,便于认读。

如图 6 所示,改造前的出口地点方向标志存在如下问题:

①版面内容过多,地名级别混乱。既有省会城市“哈尔滨”“沈阳”等一级信息,又有市辖区“双阳”“一汽”等三级信息出现在版面中。

②指路信息的英文拼写存在问题。一汽英文翻译为“FAW Groupcorp”,不规范,单词与单词之间没有空隙,认读困难。

③路名、地名信息排列不当。G1 国家高速路名信息在地名信息的左右两侧,不易区分,且不符合规范。

图 6　改造前出口地点方向标志

因此对现状匝道出口地点方向标志进行优化改造,见图 7:

①长春东互通主线方向道路与被交道路均为高速公路,应多采用一级信息,舍去次要地名,增加重要城市地名,如地级市“白山”“双辽”等。

②标志版面舍去英文拼音,仅采用汉字表达,提高版面利用率和视认性。

③路名在上、地名在下,信息分行排列。当前道路信息增加长春南环、长春北环,且采用白底绿字相比绿底白字的地名,更凸显了绕城环线高速的概念,增强驾驶人的行车方向感。

图7　改造后出口地点方向标志

(2)体现标志信息连续一致性。

驾驶人从珲乌高速或京哈高速驶至长春东互通立交出口的过程中，指路标志应提供连续的提示引导信息，内容统一，保证驾驶人“进得来，出得去”。

如图8所示，改造前的出口预告标志缺少直行指引信息，直行车辆认读信息中断，且长春市区东方广场在直行方向，现有标志指示错误。

因此对现状出口预告标志进行优化改造：增加直行指引信息，更改东方广场、长春市区的指向。进一步明确位置方位，弱化机场文字，采用飞机图形标志，形象生动，直观易懂。改造前后设计版面如图9所示。

图8　改造前后出口预告标志

图9　改造后出口预告标志

指路标志方案优化改造后，桥型预告标志→出口预告标志→下一出口预告标志→出口处地点方向标志，都体现了信息的一致性和连续性，如图10所示。

(3)LED主动发光技术的应用。

长春市冬季寒冷漫长，雾霾现象较严重，而普通反光膜指路标志在湿冷环境版面结露情况下、雨雪雾霾恶劣天气下视认性差。为避免不同驾驶人在辨清标志信息过程中产生速度差，减少标志信息在复杂环境下突显时对驾驶人带来的紧张情绪，长春东互通立交优化改造后的指路标志采用LED点阵式主动发光技术。

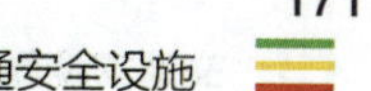

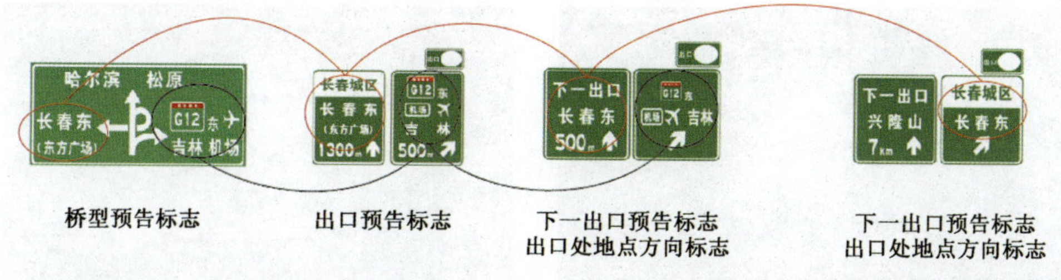

图 10　改造后指路系统各标志前后呼应

点阵式主动发光指路标志有以下优点：

①采用反光膜与 LED 相结合，突破依赖外部光源视认的局限性，兼顾到所有的道路使用者，在夜间、雨雾等恶劣天气能提高标志的可视距离。

②采用高亮度 LED 配以专门的光学透镜，具有极强的光透性和良好的耐候性。

③采用太阳能、风能供电，能耗低，可不受地理因素影响全天候工作。

④标志美观，发光像素柔和，在夜间对高速公路的行车环境起到美化亮化的作用。

采用 LED 主动发光技术后，指路标志即便在没有机动车远光灯照射的夜间也能被清晰视认。图 11 对比了发光标志信息在正视、45°仰角以及 60°仰角的视认效果，图 12 对比了发光标志信息在 200m、50m 不同距离下的视认效果。由此可见，采用主动发光技术后，指路标志的视认性得到全面改善，解决了远光灯反射“光锥”存在的视角差异问题，保证了不同车型的驾驶人在远距离、大角度条件下对标志信息进行清晰视认。

图 11　改造后指路标志在不同观测角度下的视认效果

图 12 改造后指路标志在不同距离下的视认效果

四、结语

本文首先分析了高速公路指路标志视认性普遍存在的问题，然后提出相应的改善途径，最后结合实际工程案例，从标志信息选取、连续性设置以及主动发光技术这三个方面提出长春东互通指路标志系统的优化改造方案，这对其他高速公路指路标志视认性的改善研究具有一定的借鉴意义。

当然，标志视认性改善后其效果如何，还没有形成一套完整的评价体系，缺少定量研究和数据支持，很多客观影响因素未能准确确定其影响程度，这在以后还有待于重点研究。

参考文献

[1] 裴玉龙，程国柱. 高速公路车速离散性与交通事故的关系及车速管理研究[J]. 中国公路学报，2004，17(1):74-78.

[2] 钟连德. 高速公路大、小车速度差与事故率之间的关系[J]. 北京工业大学学报，2007，33(2)：185-188.

[3] Neil D Lerner. Additional Investigations on Driver Information Overload[R]. NCHRP 488，2003.

[4] 王建军，王娟，吴海刚. 道路交通标志信息过载阈值研究[J]. 公路，2009(4)：174-180.

[5] 樊大可，王建军，常振文，等. 道路交通标志信息过载阈值的计算[J]. 长安大学学报，2009(6)：82-87.

[6] 姜军，陆建，李娅. 基于驾驶人视认特性的城市道路指路标志设置[J]. 东南大学学报(自然科学版)，2010，40(5)：1089-1092.

[7] 丁柏林，刘干. LED 背光源道路交通标志研究[J]. 公路交通技术(应用技术版)，2015(4)：215-217.

[8] 中华人民共和国国家标准. GB 5768.2—2009 道路交通标志和标线 第2部分:道路交通标志[S]. 北京：中国标准出版社，2009：67-106.

[9] 中华人民共和国交通部. 高速公路网相关标志更换工作实施技术指南[M]. 北京:人民交通出版社，2007.

[10] 中华人民共和国国家标准. GB/T 31446—2015 主动发光道路交通标志[S].北京:中国标准出版社,2015.

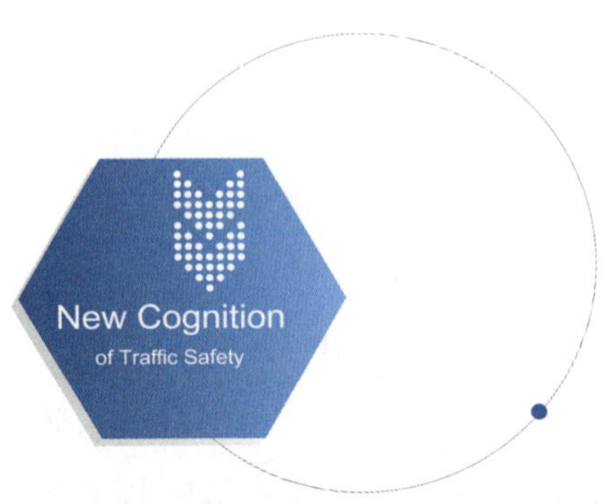

思考道路交通安全设施行业的出路[1]

道路交通安全设施形成一个行业，是从 2004 年我国颁布实施《道路交通安全法》开始的，已经整整 10 年有余。按照习惯性的行业认知思维，这是一个庞大且稳健的行业。说它庞大，是因为出门上路满目可见道路交通安全设施，超过 80% 的人们每天直接或间接地产生使用需求，包括对标志、标线、信号灯、护栏、隔离桩、反光警示器材等的需求。说它稳健，是因为它是人类衣食住行四大必需之一，并且车辆与道路的发展已经成为社会经济发展的伴随，而车辆与道路关乎人民的安全保障、生活和谐，道路交通安全设施的设置量必然与日俱增。

没有人也没有机构对道路交通安全设施行业做过系统清晰的需求统计，只

---

[1] 本文写于 2014 年 9 月。

能粗算出约不低于300亿元/年市场需求量。这其中包括：每年在我国市场的道路用反光膜销售额约有15亿元，按照催生10倍交通标志(及杆件)和警示器材市场测算，则150亿元/年；全国约300个大中型城市对标线、信号灯、护栏的总需求量，按照平均每个城市2500万元工程测算，则有75亿元/年；小城市、高速公路、各级公路对标线、信号灯、护栏的总需求量保守估计也有75亿元/年。当然，这还包括超过10亿元/年的停车场交通安全设施需求。

在道路交通安全设施行业形成之前，经历了一个漫长的起步期，大约是1984—2004年的20年间。在那个期间，道路交通安全设施从无到有，从简易的木块、水泥制品演变成金属材料、反光材料、柔性材料制品，材料技术的创新对道路交通安全预防保障起到的作用是非常显著的。而到了行业形成期的2004—2014年的10年间，技术的创新变得滞缓，仅仅是应用量得到了显著的提升。即便是有行业细分产品的技术创新，推广应用也比较艰难。

在技术日新月异的经济高速发展年代，在人的生命安全重于一切的年代，在道路交通安全设施需求量递增的年代，是什么原因阻碍了科技在道路交通安全设施中的应用呢？

这要从道路交通安全设施的买方市场、卖方市场分别说起。

首先是买方市场，其主体是政府或者机构，政府或者机构既是道路的管理者，又是建设者(当道路的投资和收益为民间资本时，即为机构)。这一点不像其他行业，许多行业通常是商品的使用者担当买方角色，在使用的过程中理性决定商品的购买行为。大家都知道，道路的使用者是车辆和行人，消除道路交通安全隐患的受益者是车辆和行人，反之受害者亦然。但是特殊的机制决定了道路的使用者没有选择道路交通安全设施的权利，这个权利交给了政府或者机构。这一买方市场因素，导致道路交通安全设施的选用几乎不可能是使用者在使用过程中判断出的最理性的科学选择，要依赖专家、管理者去抉择。而政府或者机构性质的买方市场，有时并不能完全反映市场需求。

其次是卖方市场，其主体是小微企业。为什么说主体是小微企业呢？是因为道路交通安全设施行业超过300亿元/年的市场容量被成千上万个小工厂瓜分，这些小工厂绝大多数处于300万~3000万元的年销售规模水平，偶尔有达到5000万元、1亿元的年销售规模也是极难保持或无法持续增长的。小而散的卖方市场，从事着低端的制造业，把所处地方市场当成碗里仅有的饭，实在是把持得紧紧的不能放松。那些稍大点的小企业，也会考虑创新，可是当新技术新产品缺乏专业型高效率销售渠道时，再遇到把持得紧紧的其他企业时，投入的资金和扩张的梦想就随即消耗于无形的推广难题。缺乏专业销售渠道，能多挣点当下就多挣点的卖方市场，存在巨大的消耗性浪费。

最后把买方市场和卖方市场结合到一起，成就了一个这样的道路交通安全设施市场环境：小微企业热衷于投机性利润，新产品的推广难度超忽想象；政府和机构依赖于体制性思维，技术创新应用的风险远远高于沿用标准产品的风险；发展型企业受制于科技创新的高投入、低回报、周期长，受制于销售渠道的缺失无法快速推广应用新技术，受制于高消耗、低效率的行业生存状态而举步维艰。

或许有人说，在资本和人才面前，没有什么艰难的。偏偏是，对于资本和人才，道路交通安全设施行业同样是匮乏的。

依笔者本人在这个行业15年的经历和研究，放眼这个行业过去30年的发展，思索这个行业当前的现状，写下这篇似乎没有出路的文章，定论这个没有出路的行业，实感无奈。

在一个市场做赢，在一个行业成功，无外乎两条路径：

其一是得渠道者得天下。道路交通安全设施行业连渠道都没有建立，实乃行业众生不幸。

其二是创模式者创天下。道路交通安全设施行业可复制的稳定盈利模式尚无范例，实乃行业众生薄学。

笔者也坚信，把一个事业做成功的艰难是面向大众的，把一个大众都觉得艰难的事业做成功，成功也会是永恒的。

道路交通安全设施行业面对的艰难、成功的路径，也不应当例外。

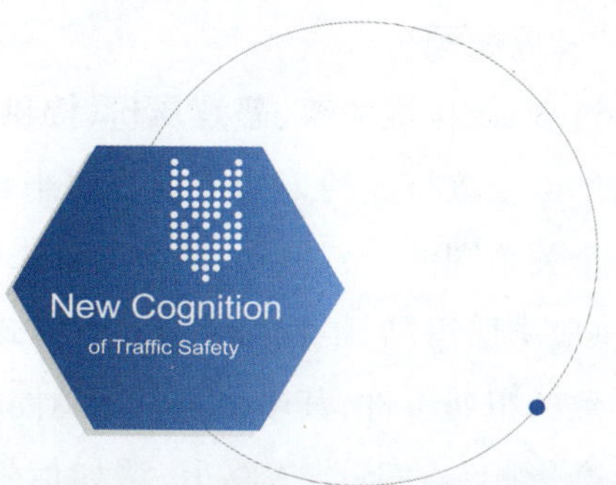

浅析道路交通安全设施行业现状[1]

伴随我国城市化进程推进和公路路网建设，保障道路通行安全的交通安全设施行业已经形成并得到了快速发展壮大。据统计，目前我国具备公路行业交通安全设施承包分项专业工程资质的企业已经超过600家，从事道路交通安全设施产品制造的规模企业(年产值2000万元以上)超过500家，另外有着近万家小微型企业在行业中存在，催生了每年几千亿元的经济产值。道路交通安全设施行业的形成壮大，为消除道路交通安全隐患、保障人民生命财产安全起到了积极的作用，是国民经济不可或缺的组成部分。

巨大的市场需求促进了行业的形成和壮大，同时也产生了诸如经营无序、良

[1]本文写于2015年4月。

莠不齐、创新不力的发展瓶颈。

一是行业竞争过度，以拉拢关系、恶意压价、提供劣质产品和工程为竞争手段的现象大量存在。由于该行业的采购需求主要来自于地方主管部门，多年来形成了一个地方一个关系圈的经营格局，新生或外来的企业要想打破关系圈，大多通过压低价格、供应劣质产品、工程偷工减料的方式获得业务。交通管理领域屡有因关系腐败导致的犯罪事件，其中也包括了道路交通安全设施工程项目，产生了极为不良的社会影响。在各类道路上，诸如信号灯故障、交通标志视认性差、交通标线脱落、防撞桶犹如垃圾桶起不到作用、劣质护栏导致二次伤害事故等问题，数不胜数。

二是行业缺乏监管，经营者非法投机性利润机会较多。由于道路交通安全设施在整体道路建设工程中，无论规模、成本在工程中占比都较小，通常得不到业主、设计、监理单位的重视。道路交通安全设施工程“三同时”制度缺乏严格执行力，道路交通安全产品执行的大多是推荐性标准，验收过程中往往以产品来样委托检测的合格报告为准。监管缺失给经营者钻空子的机会，损害的是道路交通安全和生命财产安全。

三是技术创新缓慢，大量中小企业故步自封、只顾赚钱、不谋创新、粗制滥造。由于行业内企业绝大多数属于5000万元以下规模的小微型企业，很难在产品工艺、工程技术、应用学术方面开展研究。同时行业没有统一的组织平台，极少数创新型企业孤掌难鸣，在与行业管理者、设计者的技术创新和应用推广沟通中存在障碍。企业的技术创新，大投入、小回报，常常遭遇低水平的技术模仿。受限于企业的普遍创新能力，国家高校、研究机构在这个领域的研究成果也很难得到成果转化，产品技术的产业化水平较低，创新型技术缺乏落地措施。

四是企业使命感和责任心不强，资本投入能力薄弱。每年几千亿元产值的一个行业，没有上市公司，新三板的也没有，低水平劳动密集型制造业和工程商很难被资本青睐。没有行业组织引导，诸如成果评比、贡献表彰、创新奖励类的社会活动在这个领域也很少见。本来是预防交通事故、挽救生命财产的社会公益型事业，却变成了唯利是图的纯粹生意。

我国的人口、车辆、道路数量均位于世界前列，道路交通事故和生命财产损失也一直居高不下,道路交通安全对国民经济和社会稳定产生着重要影响。在道路交通安全管理中,通常依靠人治、法治、技术处治三种形式,而技术处治是国际通用的一种道路安全防护形式,具有主动预防、降低损失的明显作用。美国为此专门编制了《公路安全防护技术手册》。道路交通安全设施产品质量优良、工程技术创新,是技术处治的必要保障,而促进行业健康有序发展是保证技术创新、产品质量优良的前提。

科学合理地设置道路交通安全设施是道路交通工程的基础工作,是交通安全、交通秩序、交通效率等管理工作中不可缺少的抓手。道路交通安全设施作为交通信息和城乡环境的载体,也是智能交通的前端,更是智慧城市的组成部分。当前“互联网 + ”行动如火如荼,智能交通、智慧城市在资本、技术、应用方面备受青睐,却令前端基础性道路交通安全设施行业鞭长莫及。公安部交通管理科学研究所王长君所长在《解决道路交通问题　我们需要一场启蒙行动》一文中提到:在研发、实施智能交通技术的同时,花精力、下功夫做好基础的交通组织优化和路口渠化配时,应充分发挥出道路基础设施的通行能力和通行效力;应充分了解信息化的现状、基础和应用发展步骤,提出切实可行的信息化实施步骤和解决方案,而不是把“智能交通”“智慧城市”“大数据”“物联网”当作口号、气球来把玩,当成工具、模式来赚钱。可见基础设施之于交通问题的重要性。

国务院分别于 2012 年 7 月 28 日发布了〔2012〕第 30 号文件《关于加强道路交通安全工作的意见》,于 2014 年 11 月 24 日发布了〔2014〕第 55 号文件《关于实施公路安全生命防护工程的意见》,时隔仅两年的两份文件中均大篇幅明确要求加强道路交通安全设施设置工作。

道路交通安全是一项生命工程,道路交通安全设施是公共安全产品,基础性道路交通安全设施设置工作必将随着经济发展和生活水平提高而得到政府和社会的充分关注,道路交通安全设施行业在未来也会保持着一个长期持续的发展态势,希望行业现有的一些缺陷能够得到迅速重视和改善。

中国道路交通安全设施产业剖析[1]

公路、铁路、航空、水运交通方式在工业文明时代的崛起，推动了全世界范围内交通运输业的形成。而随着汽车工业的进步，栖息于陆地的人们更加依赖于把脚步转换成车轮，把阡陌纵横的小径建设成宽广通达的道路。可以说，全球绝大部分的人类每天的生活都与道路交通环境息息相关。约占世界人口总量21%的我国，在短短的约30年时间里公路里程、汽车拥有和制造总量跃居世界前列。随之而来，道路交通秩序和交通安全环境时刻影响着人们的生命财产安全。正因如此，我国正面对一个事关国家大计的问题：道路交通安全。

[1] 本文写于2013年3月。本文部分内容以《设计一个安全的交通系统》发表于2015年第8期《中国公路》。

在道路交通安全环境中，人、车、路系统的全面安全性能是道路交通安全的根本保障。任何一个系统的安全考虑缺失，都会直接引发巨大的交通事故隐患。因此，对于解决道路交通安全环境问题，很多的组织或个人产生了极大的兴趣和责任感。由此也催生了一个庞大的道路交通安全产业，它包括管理者、呼吁者、研究者、设计者、制造者、服务者、监督者等等。

本文着重于剖析以完善道路交通安全系统为目的而形成的道路交通安全设施产业（注：不包括智能交通产业）的现状和未来，掺杂笔者本人的些许观点。

道路交通安全设施的定义：是指为提高道路通行能力，保障人身、车辆、道路的通行秩序，预防交通事故发生并降低事故发生时和发生后的各种损失，而设置在人、车、路组成的交通环境中的各类安全设施装置和器材。通常，交通安全设施的重要特点是具备警示、防护、诱导的功能，并且无论在白天或夜间均能够起到醒目、警觉、防撞等效果，提醒行人与车辆安全有序通过道路并且在意外发生时最大程度降低冲击力，减轻损伤。

道路交通安全设施主要包括：交通标志、标线，交通信号，交通隔离护栏，交通监控、防撞设施，减速、警戒警示装置等。

道路交通安全设施从业人员主要包括：设施产权建设管理者，理论研究者，规划设计者，产品研发者，制造企业从业者，施工企业从业者，维护管养企业从业者，销售服务企业从业者等。

道路交通安全设施的从业组织主要包括：道路交通建设单位，道路交通管理单位，道路交通设计院，道路交通工程院校，道路交通监理单位，道路交通设施的制造、销售、施工、管养、服务企业等。

我国道路交通安全设施的年产业规模：从业人员 10 万人，年产值近 500 亿元。其理论支撑数据为：每个县城或偏远小城市平均约有 2 家年产值 200 万元的从业企业，总量约为 5000 家企业、3 万从业人员、100 亿元产值；每个地级市平均约有 5 家年产值 1000 万元的从业企业，总量约为 1200 家企业、2 万从业人员、120 亿元产值；经济发达省份以及省会直辖市约有 500 家平均年产值达 5000 万元的从业企业，拥有 3 万从业人员、250 亿元产值；专业从事道路交通安全设施的设计人员约为 3000 人、产值 10 亿元；专业从事建设、管理、监理的从业人员约

2 万人。

据粗略统计，各类道路交通安全设施产值约为：交通标志 150 亿元，交通标线 40 亿元，交通信号 60 亿元，交通隔离护栏 110 亿元，交通监控 120 亿元，防撞设施（不包括水泥护栏类）5 亿元，减速装置 2 亿元，警戒警示装置 3 亿元。

在我国，有两个具有较大影响力的道路交通安全设施行业展览会：一个是国际交通工程技术与设施展览会，由交通运输部科学研究院和荷兰阿姆斯特丹 RAL 公司联合主办，逢单年在上海、逢双年在北京举办；另一个是国际道路交通安全产品博览会，由中国道路交通安全协会和公安部交通管理局主办，通常每两年一届在北京举办。上述展会的规模约为：面积 1.5 万平方米、展商 200 家、参观人数 3000 人。

1988 年，上海市沪嘉高速成为我国首条正式通车的高速公路，自此催生了一个新兴的道路交通安全设施产业，至今已有近 30 年历程。由于大量的高速公路和国省道兴建，大量的人们驾驶着不同类型的汽车驶上各类公路。为尽量减少道路交通事故，庞大的道路交通安全设施产业应运而生，并且市场供需两旺，业态常年稳中有升。

一个新兴稳定而又较为庞大的道路交通安全设施产业，它的现状和未来又是如何呢？依据笔者从业 15 年的经验，将逐一剖析。

道路交通安全设施产业能够通过硬件设施和软件技术保障生命财产安全、影响交通文明意识，对社会和谐与生活幸福有着积极深远的意义。然而，产业的专业性尚有待于引起全社会的关注和加以促进。

在现代化工业技术条件下，新能源、新材料、新工艺、新技术已经广泛地被道路交通安全设施产业所吸收，铁皮油漆石头栏的被动道路交通防护旧时代一去不复返，随之而来的是防错防撞防灾“以预防和减轻伤亡为主”的主动道路交通防护新时代。例如：利用太阳能技术结合应用反光膜材料和 LED 发光器件的道路交通标志，能够在各种天气和不同的交通环境里被远距离视认；应用芯片和智能技术制造出的 LED 信号灯，能够维护各种复杂条件下的交通秩序和优化道路通行效率；使用高分子材料制成的塑料、塑钢类防撞桶和隔离护栏，能够有效吸收或改变交通事故中的冲撞力，达到减轻损伤的目的；应用雷达和光学技术设计的监控测速装置，能够一定程度防范控制交通违法行为；采用橡胶、树脂等复合材料制造的标线涂料、警示警戒产品，能够预防交通事故发生、保护人身财产安全等。据充分实际的试验和统计，有效的道路交通安全设施设置，至少可以降低30%的道路交通事故发生率，在恶劣天气条件下及重大隐患路段甚至可以降低80%以上！

同时，合理必要的道路交通安全设施设置，可以改变人们的交通习惯，从而逐渐提高交通文明素质。这里有一个实地观察和统计的实例：在不同的A、B两个居民集中区路段，在A区的路段设置了规范行人、非机动车、机动车走向和路线的各类标志、标线、护栏、信号、防撞等设施，没有安装监控设施；在B区的路段仅仅安装了必要的指路标志、施划了标线、设置了红绿灯和监控设施，缺乏严格规范通行秩序的硬件设施。经过1年时间评估，A区的交通秩序良好，交通事故仅有轻微的几次，该区域的持驾驶证居民总体违法记录极少。而B区的交通秩序长期靠人力指挥维持，交通事故经常出现，该区域的持驾驶证居民违法记录较多，监控设施几乎是仅仅起到了有款可罚的作用。1年后，撤除了A区多于B区的一些设施，加装了监控设施。经过一段时间发现，A区的行人和车辆已经养成了长期遵守交通规则的习惯：按时等待红绿灯、过街走斑马线、有序列队通过路口等，人们并没有因为设施的一时缺失而行为肆意，监控仪器没有派上用场。后来再将A区同样的方法应用到B区，经过同样的时间也得到了同样的收效。事实证明，要想实现交通秩序文明，必须让人们提高遵守秩序的意识和素质；而提高交通素质意识，需要人们养成正确的交通行为习惯；通过合理必要的硬件交通设施设置，完全可以约束人们的交通行为习惯。

正是道路交通安全设施之于交通安全的益处明显，使得道路交通安全设施有着极大的市场需求，也必然地成长为一个新兴产业，聚集了一个较大的群体和较多的从业者服务于这个行业。长年累月，也聚集了大量的从业经验，一定程度促进了产业的变革和创新。但是专业性的不足，也使得从业者鱼龙混杂，影响了产业的健康有序发展，同时影响着道路交通安全管理的水平和效率。

道路交通安全设施，就其本身而言是一个多学科、多领域结合的产业，主要功能是服务于道路交通安全管理。在各类高等或中等院校，道路交通安全长期以来是交通工程专业内的一个学科，缺乏系统的理论研究和人才培养。在国家级注册安全工程师教材和考试中，涉及道路交通安全的篇幅也是寥寥无几。众多的各类道路建设中，无论从设计到施工，涉及道路交通安全设施这一块，都不同程度缺乏从“安全”的功能角度考虑整体设计设置。国务院国发〔2012〕30号文件《关于加强道路交通安全工作的意见》中提到：严格落实交通安全设施与道路建设主体工程同时设计、同时施工、同时投入使用的“三同时”制度，新建、改建、扩建道路工程在竣（交）工验收时要吸收公安、安全监管等部门人员参加，严格安全评价，交通安全设施验收不合格的不得通车运行。很显然，2012年7月的这条国务院意见，仅仅是姗姗来迟的一个意见而已，要提高到制度、法律的专业层面去规范道路交通安全设施，尚待时日。

在我国，道路工程建设的主管部门主要是交通运输部、住房和城乡建设部，而道路交通安全的管理部门是公安部下设的交通管理局（交警）。事实上，交警要担当道路交通安全执法和管理的责任，却不能主宰道路交通设施建设的功能安全性，这点从上述的国务院意见中“要吸收公安、安全监管等部门人员参加”就能理解出真相。最直接的一个道路交通安全专业问题，却存在着多头管理的现状。出了道路交通事故要向交警问责，而交警却没有办法从道路交通安全设施源头上搞好建设，可以说是一缺钱、二缺权。即便是交警充当了最直接的道路交通安全管理者的角色，在专业上也是欠缺的。众多的交警，其本身的职责是以安保执法为主体的武装警察职责，几乎与道路交通安全工程师这个身份靠不上边，也可以说是三缺专业。

尽管我国的道路工程建设主管部门也十分重视道路交通安全，例如院校的交通专业有着一些懂行的教授或工程师，道路交通设施的设计、施工都要求资质审批，道路交通设施产品的生产都制定了标准规范。然而我们经常可以发现：一条交通安全设施设置不规范、不具备通行条件的道路通车后，发生交通事故死伤，问责了某某交警部门或个人，鲜见专家、资质企业、生产企业担责。又如：道路上出了交通事故，交警到场是认定责任和维持秩序的，修复设施、抢救生命往往要坐等其他部门到来，最后保险公司进行理赔，也很少追究道路交通安全设施的不足或问责专家、资质企业、生产企业。

道路交通安全设施作为道路交通安全不可或缺的重要保障,需要道路交通安全管理更加具有专业性。专业的人、专业的设计、专业的制造、专业的设置、专业的管理,是道路交通安全设施产业发展的百年大计。

中国交通安全产品的应用现状及其发展管理方向[1]

交通安全产品,是指为提高道路通行能力,保障人身、车辆、道路的安全秩序,预防交通事故发生并降低事故发生时和发生后的各种损失,而设置在人、车、路组成的交通环境中的产品。通常,交通安全产品的重要特点是具备警示、防护、诱导的功能,并且无论在白天或夜间均能够起到醒目警示的效果,提醒行人与车辆安全有序通过道路并且在意外发生时最大程度降低冲击力减轻损伤。

当然,交通安全产品还应该包括水运、航空、铁路等特殊交通环境中的载体,而与老百姓生活关系最为密切的,当属陆路交通环境。

根据交通安全产品的应用主体不同,大致分为:

---

[1] 本文写于2009年3月。

人身安全防护类。泛指一切穿着或佩戴于人身的反光服装、器具。主要是保障人们在交通环境中的安全,例如反光服装服饰、安全防护器具、手持警戒装备等。

车辆安全标识类。泛指一切安装固定于各种车辆装备上的标识器材,主要是为了车辆在交通环境中的安全防护并易于识别,例如车身反光标识、汽车牌照、三角警告牌、危险品顶灯、防护栏装置等。

道路安保设施类。泛指一切设置安装于各种道路上的交通设施,主要是用于道路的指引、分流、减速、防撞等,例如交通标志标线、信号灯、道路护栏、防撞防护栏设施等。

智能交通应用类。泛指一切通过软件系统或芯片技术来实现交通安全管理能力提高的产品,主要是用于提高道路通行效率,例如可变信息屏、电子监控测速系统等。

在我国,交通安全产品应用的主要目的多是消除交通安全隐患,降低交通事故发生率。由于我国的机动车辆和非机动车辆的保有量和增长率都排在世界前列,道路建设速度很长一段时间处于不能满足车辆通行需求的状况,而泱泱大国的人口分布随着城市化到来而在生活居住地日渐集中,人、车、路的超负荷运行给交通安全带来了极大隐患,使得交通事故发生的概率多年位居世界前位。恶劣的交通安全环境,给重特大群死群伤交通事故制造了层出不穷的机会,也形成了交通安全管理工作长期停留在预防不足、保障不力、抓而难防的局面。解决交通安全管理工作难题的首要条件是治理交通安全环境,只有交通安全环境中人、车、路三大主体相互和谐、相互有序、相互满足,才能从根本上营造出安全文明的交通安全环境。

治理人、车、路,通常要依靠三个途径来实现。

途径之一是通过素质文明教育手段告诉人们出行要有公共道德,车辆行驶要礼让三分,道路修建要安全人性化。

途径之二是通过法律法规手段规范人们该如何出行,车辆该如何制造和驾驶,道路该如何修建和管养。

途径之三是通过装备装置手段促使人们出行遵守法律和道德规范,车辆行驶或停放秩序井然，道路基本消除事故隐患。

在上面三个途径中，如果不考虑人、车、路的先后因素，那么途径之一中的教育手段必定是成本最低、见效最快、成果最大的首选途径；途径之二中的法律法规手段是在经历了复杂的交通安全问题矛盾暴露，并且无法通过意识层面进行解决之后的次选途径；而途径之三中的装备装置手段是成本最高、强制性最大、实现目的最容易的不得已而为之的途径。

事实上，不同国家的经济发展规律也各有不同，作为交通安全环境主体的人、车、路形成量化的先后因素也当然不同。不同的社会经济因素往往决定了各个国家通过不同的先后顺序去进行交通安全治理，也会带来不一样的治理结果。

像美国、日本、德国、英国等发达国家，汽车制造工业是跟随着这些国家的工业文明时代一起到来的。汽车制造能力的先进使得提高汽车的安全性能走在了交通安全管理工作的最前列，而更加早于工业文明的当然是科学素质教育。这就使得在汽车制造业发展的同时也出现了规范交通出行的法律法规，人们也很自然地能够遵守并习惯运用。因为车的出现而去修建满足车辆通行的道路，道路设计者们则能够更加充分地考虑如何应用道路防护设施满足车辆快速通行的需求。在这样的情况下，交通安全产品的装备装置应用已经不再是单纯地为了消除安全隐患，而是将目标定在把交通事故发生时的损伤程度降到最低。人们出行的时候，无论是否驾驶机动车辆或非机动车辆，也无论白天或者夜间，他(她)们会配备必要的反光服装、安全头盔等人身防护器具。车辆的自身装备方面，会综合考虑各方面因素而进行交通安全装备的配置，例如欧洲国家的民用车辆要求配备一个交通安全包，里面放置有反光背心和警告牌，以备紧急时使用。上路行驶的大型客车和货车都粘贴有车身反光标识，安装牢固的尾部和侧面防护装置。无论是在高速公路或者城市道路上，塑料、橡胶等软性基材的隔离防撞设施随处可见，这些具备柔吸性能的防撞设施都可以在车辆发生碰撞事故时将损伤程度有效降低。

20世纪80年代后期，改革开放对我国的经济发展起到了空前的推动作用。经济要发展，交通要先行，尽管我国本土的汽车工业还处于一个极为落后的水平，但经济增长的刺激，给了人们出行的加速度需求，高速公路、城市快速化道路开始成为我国道路建设的主要规划内容。应当说,我国的交通环境,是因为经济发展的需要,促成了道路建设的高潮,再促成了车辆制造工业的快速到来,最后才促成了人们交通安全出行的保障需求。当路、车、人三种因素的交通安全环境真正形成之际,交通事故却成为横亘在安全生活生产、社会和谐文明面前的一道屏障。这样的一个交通环境形成程序,事实上也造就了人、车、路的治理方式和顺序的不同:首先是解决道路如何修建和管养,然后是用法律法规规范交通行为,其次是交通安全素质教育,最后才进行必要的车辆和人身安全装备。

在交通安全管理中,人、车、路是交通环境的主体,素质文明和法律法规是保障主体稳定运行的"软件",而交通安全设施产品则是保障主体运行的"硬件"。硬件配置管理水平的高低,必然直接影响软件升级的速度,很多时候,正是因为硬件配置的不到位不合理,使得软件配置形同虚设有力无处使。

基于前述,分析我国的交通安全产品应用现状,通过交通安全产品和设施对人身、车辆、道路进行硬件改善,从而有效结合交通素质文明教育、交通法律法规约束,对交通安全管理工作有着重要意义。

当前,道路交通安全设施是交通安全产品应用的主要代表。从 1999 年我国第一部国家强制性标准《道路交通标志和标线》(GB 5768—1999)实施开始,到 2004 年《道路交通安全法》颁布,相关法律法规都给予了道路交通安全设施应用极大的重视,也推动了交通安全设施工艺技术领域的快速革新。从木板、铁皮、油漆、石块、水泥杆应用,到钢材、铝材、反光材料、混凝土应用,再到橡胶、塑料、复合材料、电子、太阳能、计算机等新技术结合应用,无论是交通安全管理念或是管理手段,都发生了巨大的变化,为减少交通安全事故、降低损伤程度起到了立竿见影的作用。同时,标准规范、法律条例执行的不统一,新老工艺和技术产品结合应用的不协调,都事实存在,给道路交通安全设施的设置也带来了较大的科学性、合理性问题,造成经济浪费和管理效果欠佳。

我国道路交通安全设施的应用对象,主要是城市道路、高速公路、等级公路、农村道路、车辆出入或停放管理区(车场、码头、货场、居民区等)。道路交通安全设施产品得到广泛应用的主要有:交通标志(信息)牌、道路标线、信号管理系统、隔离分流护栏设施、减速装置、防眩装置、防撞设施、测速监控设备。在各类道路上设置交通安全产品的主要目的通常是实现道路的畅通行驶和秩序安全，以预防交通事故发生为主，在交通事故发生时降低损失为辅。

交通标志(信息)牌和道路标线。交通标志和标线是通过文字或图案的形式，为将道路交通信息传递给人，引导正确的行驶位置和方向而设置的交通安全设施。自20世纪80年代初我国引入反光材料技术以来，交通标志和标线的应用得到了工艺提高，无论是白天或夜间都能够实现远距离的信息识别功能。仅仅是交通标志用的反光材料，我国从20世纪末的年用量近人民币10亿元，增长到眼下每年需求量超过15亿元。交通标志和标线的应用促成了我国每年超过100亿元的市场需求量，对道路交通安全和人们的便利出行也起到了极大的作用。早在1992年，公安部颁布实施《中华人民共和国机动车号牌标准》，就对反光膜产品的应用进行了规范。随后的10多年间，公安部、交通部都对交通标志和反光膜材料进行了反复的标准修订，其中强制性标准是1999年颁布实施的《道路交通标志和标线》国家标准。近10年来，我国城市、农村的面貌都得到了巨大改善，高速公路里程已经一跃位居世界第二，众多的国道和省道都已经达到相当于高等级公路的标准，道路环境和使用状况已经发生了根本性变化。无论是地方性或者强制性国家标准，原有的交通标志和标线技术规范已经不再适应复杂多变的道路情况，导致了全国各地在执行国家标准时力不从心。长三角、珠三角、云南等地区和省份都制定了自行的交通标志设置规范，以满足当地的实际交通环境需要。一方面，交通标志和标线的设置总量每年呈几何级数递增，大大方便了出行的同时降低了交通事故发生率；另一方面，由于交通标志和标线设置的标准规范不统一，也造成了信息传递的复杂纷乱，给人们带来了识别的烦恼，同时也埋下了交通事故发生的隐患。我们经常看见北京的指路标志设计方案和南京的不一样，上海的和重庆的不一样，如果我们习惯了北京的指路标志识别行驶方法，那到了其他城市就可能会因不适应而误行。城市道路、高速公路、等级公路、农村公路、居民区道路，不同的道路环境需要设置不同的交通标志和标线才能达到传递准确信息的目的。进一步对交通标志和标线进行科学合理的分类，设定标准，统一规范，意义重大。

信号管理系统和测速监控设备。通过信号灯(又称红绿灯)的设置，对道路交叉口地带进行通行时间管理，从而保证秩序井然，是交通安全管理的一个重要手段。但是，驾驶员和行人是被管理的对象，面对死板的通行信号，人们往往不能够完全自觉地遵守通行规则。为了实现信号管理的绝对功能，监控、测速等配合信号管理的监控设备应运而生。在我国，无论大中小城市，也无论主次干道或街头巷尾，几乎随处可见信号灯、监控控头、测速雷达设备等。一些大城市，因为不遵守信号规则和速度通行规定而被抓拍处罚的老百姓，排着队交罚款已经是一件平常的生活事项。通过对无锡安邦、南京多伦、上海奥星、浙江的许多中小型信号灯制造企业的调查了解，国内每年信号监控的市场量已经超过 80 亿元。巨大的市场制造了商机，也给交通安全管理水平的提高提供了有力的保障，但同时也催生了不规范的管理行为。在如何设置信号监控设备、该不该设置的问题上，老百姓和交通管理者之间时有异议。在上海，就出现过因信号设置的失误，按通行秩序右转的机动车撞上了同样按通行秩序直行的非机动车的案例。而最终交通管理部门被一同推上了法庭并承担了过错责任。信号灯和监控系统的设置，是一个非常严肃的交通安全管理问题，红灯停、绿灯行，应当不容有任何的大意。而城市化进程、城市美观的需求，有时会给信号灯、监控设备的设置带来较大的随意性，交通安全的功能往往被弱化，取而代之的是以美观、处罚的功能为主。立柱式信号灯、悬臂式信号灯、门架式信号灯、超亮式信号灯，工艺都是一样的，外形却是五花八门，常常令人眼花缭乱。在大城市的一些很小的路口，经常可以看见这样的设置：警告标志、指路标志、指示标志、信号灯、测速仪、抓拍监控摄像头设置在一个路口的同方向路边，为了同一种安全目的，利用了几乎所有的交通设施。本来单一的警示设施就可以达到使车辆减速安全通过的目的，但因为设施之间的反复和不协调，信息传递无法高效化，却造成了更大的交通事故隐患。严肃、科学、简明地设置信号管理设备，把最简单的秩序管理目的直接地告诉驾驶员和行人，才是信号设置的根本出发点。在国家强制性标准《道路交通信号灯》（GB 14887—2003）和《道路交通信号灯设置与安装规范》（GB 14886—2006）中，已经给予了指导性工艺技术和设置安装意见。

隔离分流、减速、防眩、防撞等交通设施。在交通事故发生的诱因中，速度快已经成为普遍公认的头号原因。降低速度，在安全的速度下让车辆各行其道，不被其他外因改变行驶路线，在道路上设置必要的分流设施是实现这一目的的有效措施。在道路上设置中心隔离护栏、安装减速路垄、安装防眩板、放置防撞桶，或者在护栏的两侧安装轮廓标、在标线上安装突起路标，这些都是我国最常见也是最通用的交通设施设置方法，很大程度上保障了交通安全和秩序正常。这些设施可以分为硬性和柔性两种：诸如钢铁、水泥混凝土制造的设施统称为硬性交通设施；诸如橡胶、塑料、树脂复合材料制造的设施统称为柔性交通设施。硬性交通设施的特点是：成本低、寿命长、工艺简单、取材方便，但其在交通事故发生时和发生后造成的车辆人员损伤也是非常严重的，甚至于会加重撞击力而导致车毁人亡。柔性交通设施的特点是：成本高、寿命短、工艺先进、材料质量要求较高，但其具备柔吸性能，在车辆与设施之间发生撞击时能够有效吸收撞击力，缓解冲撞强度而大大减轻甚至于避免车辆人员的损伤。2008 年 5 月 19 日，《扬子晚报》就报道了一起客车因柔性设施而避免碰撞事故后果的案例。事情发生的经过是，一辆客运车辆在通过南京市大桥南路高架时，由于雨天路滑方向无法清晰识别，在一路口撞上道路中心护栏。该路段的中心护栏是水泥隔离墩，但交警在距离路口的 20 米摆放了一种新型塑料水马代替水泥隔离墩。该车辆撞击到的正是塑料水马，撞击力被水马有效吸收，客车安全地“骑”在了水马式隔离墩上而免遭损伤。但是，尽管柔性交通设施对交通安全事故的预防作用、损伤减轻作用有着硬性设施无可比拟的优势，但长期以来的交通安全管理习惯却并没有能够将好钢用在刀刃上。绝大多数的交通安全管理工作者还是习惯于使用硬性交通安全设施，结果只能是以生硬的设施和血的代价去警醒驾驶人安全驾驶、少出事故。然而，车辆在道路上行驶，有很多种原因会导致交通事故的发生，倘若交通安全设施不能够保证事故发生时使损伤减轻，无疑是令人遗憾的。

当前，车辆标识和防护类安全产品的推广应用已经得到政策性支持。车辆的自身、车辆与车辆之间，其识别和防护功能同样是交通安全环境中的秩序稳定因素。自 2002 年起，公安部交通管理科学研究所开始进行车身反光标识的课题研究，引入欧美一些国家的成功应用经验，结合我国的实际车辆使用情况，着手制定车身反光标识产品的国家标准。2006 年，车身反光标识产品的应用和管理要求提高到了需执行强制性认证的市场准入制度。2008 年 10 月，所有在用货车被强制要求使用车身反光标识和车辆侧后部防护装置。包括进口和国产的品牌在内，已经有 14 家企业的 18 种车身反光标识产品通过了国家 3C 强制性认证，为车身反光标识粘贴的普及提供了充分的市场准备。尽管如此，我国的交通环境实际情况是车辆多、分布广、车况车型复杂，想要在短期达到百分之百的粘贴合格率还很困难，需要用较长的一个时期通过政策管理、市场推广，逐渐发展到自觉应用。同样，车辆侧面与尾部防护装置的推广工作才刚刚启动，也需要一个认识市场并使市场成熟的过程。

以国内最大的反光材料生产企业——常州华日升反光材料有限公司为调查对象，结合其他通过 3C 认证的品牌销售情况，我国在用货车的车身反光标识合格粘贴率尚不足 30%，等于是仍然有近千万辆在用货车因还没有粘贴车身反光标识而存在自身安全隐患。车辆粘贴反光标识的问题则主要表现为假 3C 产品泛滥、不按规定粘贴的车辆泛滥、无安全隐患消除意识的车辆驾驶员很多。

当前，人身安全防护器材类交通安全产品还处于起步阶段，没有得到民间广泛应用。事实上，人是交通安全环境中的通行秩序责任主体，交通安全秩序是否良好，交通安全环境是否和谐，无论如何都是以人的因素为主导。人身安全防护器材，主要包括反光服装、指挥器材等。我国是服装纺织出口大国，在服装纺织类产品的制造方面有着绝对的生产力和成本优势，用于交通安全的反光类服装和指挥器材制造也不例外。尽管如此，由于我国交通安全教育的起步较晚，老百姓对交通安全的理解还局限于对车辆和道路的控制管理，忽略了人身防护的作用。为自己配置必要的安全防护器材，通常处于被动而非自愿的状态。例如大中小学生的着装，没有专门为夜间配备的反光服装；非机动车辆的骑乘人，缺乏必要的安全标识，无法让远距离的机动车辆驾驶员清晰识别；大量的市政、环卫、建设部门的户外作业人员，随身配备的安全防护器材也是少之又少。比较好的一点是，交通管理部门的专业执勤执法人员已经有了规范的作业标准，像《交通警察道路执勤执法工作规范》就明确规定了人身安全防护器材的装备要求，这在很大程度上会影响其在民间的应用和普及。

当前，智能交通安全设施正被如火如荼地推广应用，处于一个高速发展期，现代科学技术为交通安全提供了让管理无处不在的可能性。智能交通设施的应用范围很广，包括：雷达测速技术的应用以控制车辆行驶速度；监控抓拍技术的应用以制止车辆违法行为；信息同步反馈技术的应用以管理车辆使其通行有序；实时跟踪定位技术的应用以调度监督车辆和掌握道路的运行情况等。我国的智能交通设施的应用，主要是处罚、震慑、制止车辆驾驶人违法行为的辅助手段，并没有从根本上解决交通安全秩序问题。如何推广应用好智能交通设施，达到以预防事故、减轻损伤为主的目标，还需要更加深入的研究。

要想从根本上解决我国的交通安全秩序问题，把因交通安全事故而导致的人身财产损失控制到一个相对较低的水平，交通安全产品的普及应用极为重要。引导交通安全产品的市场发展，制定交通安全产品的管理方法，使得交通安全产品的推广应用工作在科学、合理、人本、经济的轨道上前行，是眼下交通安全管理工作的重要课题。

应该认识到，人、车、路三个主体中，因前两者因素引发交通事故的可能性较大，交通安全产品在人身和车辆上必须得到科学应用。

在人身方面，可以首先从职业工种抓起，把户外作业、执法、执勤人员的人身安全防护器材配置提高到法律法规要求的高度；其次从在校学生、非机动车辆的骑乘人、机动车辆驾驶员抓起，建立行业规范和制度。例如可以要求在校学生的学生服装统一具备夜间反光性能；可以教育非机动车辆的骑乘人出行时配备必要的醒目防护器具；可以强制机动车辆驾驶员在驾驶车辆时配备警告牌、反光衣、救护器具等。最终，通过人身交通安全产品的使用，产生有益的社会作用，引导人们主动地为自己配备那些产品，以达到保护出行安全的目的。

在车辆方面，可以按照客运车辆（包括专门用于载人的各类机动车）、货运车辆（包括专门用于载货的各类机动车）、危险品车辆（包括专门用于运输储藏各类危险化学品的机动车）、农用车辆（包括专门用于农业生产的各类机动车）、工业车辆（包括专门用于工业生产的各类作业机动车）进行分类管理。除车辆本身的行驶安全性能外，还应当综合考虑车辆行驶中的外在安全性能。例如，注意车辆在行驶中的辨识；车辆在停放状态下的辨识和防护；车辆在交通事故发生时的防护；车辆在交通事故发生后的防护。车身反光标识、机动车用三角警告牌、反光服装、车辆尾部和侧面防护栏、车辆顶部信息显示屏装置、便携式交通标志和SOS求援器材,都是车辆安全性能管理中的必备产品。

应该认识到,交通环境中的道路主体本身具有复杂性,把复杂的道路交通情况进行信息化归类,然后加以管理,让管理信息很容易被人们识别并遵守十分重要,而交通安全设施产品的设置本身就是一种管理信息,其设置的科学合理性就更加重要。

前面提到过,交通安全产品设置的主要目的是消除交通安全隐患,预防交通事故的发生,减轻交通事故中人身财产的损失。相反,如果因为道路交通安全设施设置的错误或者合理性不足,而导致了交通安全隐患增加,加大了交通事故的概率,加重了交通事故中人身财产的损失,其后果不堪设想。

道路交通安全设施产品的设置管理,主要体现在以下方面:

其一是道路交通安全设施产品的本身,其材料、工艺、结构都严重影响着其在交通安全环境中的使用功能,需要制定严格的标准工艺以提高安全性能。同时还要对具备优秀品质性能的产品加大推广力度,以取代质量较差的产品进入市场。从防护的性能上说,橡胶、塑料、树脂类产品具有柔性特质,而钢铁、水泥、混凝土会加重交通事故中产生的碰撞力,应当尽可能多地使用柔性防撞隔离、减速分流设施。从能源的利用上说,新能源产品中的太阳能、风能、LED技术已经非常成熟,LED低压、超亮、环保的性能是其他产品不具备的,更为重要的是它们具备主动发光的条件,可以在恶劣天气或黑暗的夜间让人们远距离识别信息,是普通的反光材料、高压电源无法比拟的。应用太阳能的LED点光源,可以大大降低恶劣天气环境中的交通事故发生率。因此,目前我国普遍使用的反光材料交通标志牌、钢铁水泥硬基防护栏、高压大功率信号灯等产品,都有被高新技术产品替代的趋势。

其二是道路交通安全设施产品的设置安装,其安装方法和管理手段也严重影响着其在交通安全环境中的使用功能,需要制定统一的科学标准,以维持持续良好的交通秩序。像信号灯、交通标志、交通标线、护栏、减速带、测速监控系统等,都需要执行一个安装标准,该如何安装、在何地安装、在何时需要安装、如何维护保养都需要加以规范。只有在统一规范的前提下,流动的车辆和行人才更容易遵守设施上体现的各种秩序。

其三是道路交通安全设施产品的检测管理和市场秩序监督，其品质管理导向作用，同样影响着其在交通安全环境中的使用功能。从交通安全设施产品的本身讲，其本质是一种安全防护产品，如何让其本身的品质达标且使用达到效果呢？仅仅依靠市场的竞争秩序很难达到交通安全管理工作所追求的效果，检测管理和市场秩序监督可以有效地杜绝假冒伪劣产品的泛滥，规范市场秩序。把委托送样检测升级为抽样监督检查，把一般性检查强化为强制性检查认证，把执行标准的力度提高到执法的高度，都将是交通安全产品的管理方向。

应该认识到，交通安全产品的应用和管理工作，政府、企业、民众都是参与的主体，把管理手段、市场秩序、意识教育有机地结合在一起，形成一个公共研究、讨论的平台，将更加有利于交通安全工作的快速科学发展。

管理手段方面，我国的公安机关是交通安全管理部门，有着决策权和引导力，各项交通安全产品的法规、工艺、标准、方法在公安机关内部的深化学习和统一执行，是首要工作。从派出所、交警中队等的一线基层民警，到交警支队、总队的高层领导者，深度的理论和实践培训理应完善。

市场秩序方面，我国的民营经济有着雄厚的研发实力和推动能力，应当从体制上给予其更多地参与交通安全管理工作的机会。应培育一批致力于交通安全产品研发制造的企业，培养一批交通安全产品研发应用的专家，让这些企业能够和交通安全管理部门在一个平台上共谋交通安全大计，体现社会责任和经济效益能力。企业是产品真正的主人，只有他们才会真正把产品当成自己的宝贝去研发应用，交通安全产品的应用与企业市场秩序息息相关。

意识教育方面，针对我国交通安全工作的严峻形势和复杂情况，以及法律、秩序急待完善的现状，教育和培训是主要的宣传实施工具。从小学到大学，从农民到公务员，从行人到驾驶员，利用不同的教育方法进行全方位的教育，使全民知道交通安全工作，了解交通安全设施产品，理解交通安全管理手段，可以起到事半功倍的效应。

我国的交通行业发展速度非常惊人，仅以人们的生活为例：几乎所有人每天都要面对车辆和道路、接触交通安全环境中的某一主体，而仅仅不到20%的人知道或了解交通安全产品，正在应用或正确应用交通安全产品的人更是不足5%。巨大的潜在市场，给予了交通安全设施产品更明确的发展方向和很大的发展空间。而如何把交通安全设施产品推广应用得像民用产品、像交通出行工具、像交通建设一样，达到家喻户晓、人尽皆知、主动应用的目标，更是对科学技术和管理水平的综合考验。

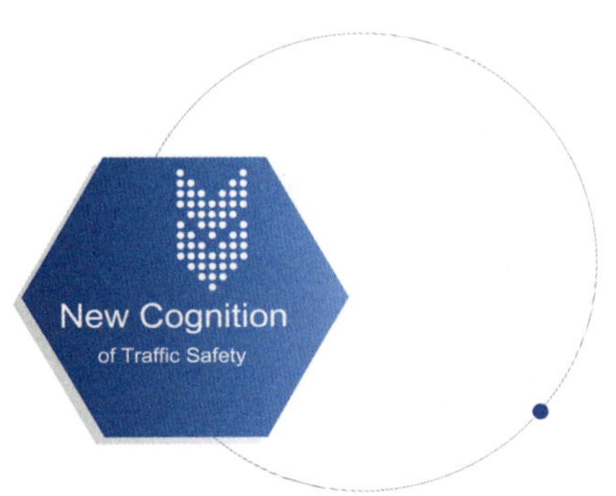

中国交通安全产品（交通设施）的沿革与发展[1]

交通安全产品，是指为提高道路通行能力，保障人身财产安全和车辆、道路安全，预防交通事故发生并降低事故损失，而设置在人、车、路组成的交通环境中的产品。

交通安全产品的特点、功能

交通安全产品具有其独特的使用功能，我们把它从交通产业与建筑材料业从中细分出来，有利于进行专业性研究而影响这一细分行业的发展。

通常，交通安全产品的重要特点是具备远视、减速、防护、诱导的功能，要求无论在白天或夜间均能够起到醒目警示的效果，提醒行人与车辆安全有效通过

---

❶本文写于 2007 年 9 月。

道路并且在事故发生时最大程度降低冲击力，减轻损伤。

根据交通安全产品使用主体的不同，可以分为：

（1）民用安全防护类。泛指一切穿着于人身的反光服装、器具。主要是保护行人在交通环境中的安全，例如反光背心、反光雨衣、反光鞋帽、反光腕带、手持牌等。

（2）车辆安全装备类。泛指一切安装固定于各种车辆装备上的标识产品，主要是保护车辆在交通环境中的安全并使其易于识别，例如车身反光标识、汽车行驶记录仪、车载可变信息屏、汽车牌照、三角警告牌、危险品顶灯等。

（3）道路安全防护设施类。泛指一切设置摆放于各种道路上的交通设施，主要是用于道路的指引、分流、防撞，例如交通标志标线、红绿灯、太阳能 LED 信号灯、护栏、防撞设施、突起路标、轮廓标等。

（4）停车场设施类。泛指一切设置于各类停车场所的保护设施，主要是用于车辆的安全停放及有序进出，例如道闸收费系统、车位锁、车位器、护墙角、减速带、广角镜等。

（5）机械安全设备类。泛指一切用于保障道路通行安全而设计的机械设备，主要是用于施工、保证引导交通分流的有效性，例如画线设备、标志车装备、除雪设备等。

（6）智能交通应用类。泛指一切通过软件系统或芯片技术来实现交通安全管理的产品，主要是用于提高道路通行快过效率，例如信息屏、雷达测速仪、测速反馈标志、电子监控系统等。

由于交通安全产品需具有降低事故发生率的特殊性质，其主要是由金属（钢、镀锌铁、铝）、塑料、橡胶、玻璃钢及反光材料加工制作。白天清晰可视、夜间反光醒目、抗冲击、耐老化、防腐蚀、耐高低温等性能都对材料的属性提出了极高的要求。

近年来，以太阳能作为供电电源的 LED 光显标识也越来越多地被应用于交通安全设施中。其主要是利用单晶硅太阳能电池板将太阳能转化为电能，直接向 LED 电子管供电的同时在蓄电池储存余电，在控制器的作用下，满足昼夜发光显示标识的要求。交通标志、信号灯、信息屏利用太阳能供电经济实用，市场前景广阔。

交通安全产品从其应用领域上分,还可以包括公路、铁路、水运、航空产品四大类。由于以人、车、路组成的道路交通的安全产品应用需要最为广泛,我们仅就这个领域进行研究。

交通安全产品的起源

1950 年,美国华裔科学家董祺芳博士研发出玻璃微珠定向反光膜,随后又研制出反光布系列材料;1968 年,美国 Rowland 兄弟发明微棱镜逆反射技术并注册了专利。这种定向回归的反光材料,被广泛应用于道路交通标志及轮廓诱导装置,为道路交通安全提供了有力的保障。后来反光材料技术又成功应用于人身服装以及汽车灯饰装置等,人们也把利用反光材料技术的制品统称为交通安全产品。

反光材料于 20 世纪 80 年代初被引入我国,主要用于交通标志,最具代表性的是 1988 年应用于我国最早的一条高速公路——沪嘉高速公路的交通标志工程。在反光材料引进我国之前,我国的汽车工业化水平也非常落后,那个时期的交通安全产品仅仅局限于简单简陋的公路附属设施,像水泥、石块垒成的隔离墙;搪瓷、木板、铁皮涂刷上油漆制成的指路牌等。这样的设施尽管也起到了一些道路分界、指引的功能,但是从保障交通安全的作用上说,几乎是微不足道。那些简易的设施,非但在夜间不能识别,白天也不具备醒目的颜色识别。车辆一旦碰撞到设施,往往是车损人亡、坚固的设施却无碍。交通设施的设置,并没有保障人身财产安全,降低损失,这严重违背了交通安全产品的存在意义。

公安部于 1992 年颁布实施的《中华人民共和国机动车号牌》(GA 36—1992),是最早要求把反光材料技术应用于机动车号牌的交通安全产品强制性标准。反光号牌的应用,不仅为机动车管理提供了有力的措施,也对机动车行驶中识别前车、降低追尾交通事故发生率起到了不可忽视的作用。随后,1995 年交通部颁发了《交通标志用反光膜》(JT/T 279—1995)技术标准,将反光膜产品明确定义为五个级别标准,为交通标志的设置提供了规范。1999 年,第一部正式的《道路交通标志和标线》(GB 5768—1999)国家标准出台,意味着交通安全产品对交通安全管理有着极其重要的作用。在 20 世纪 90 年代,受限于我国的经济水平及汽车拥有量、道路状况，交通安全管理主要依赖于从意识形态上进行宣传引导，没有较大的资金投入交通设施的设置。在此期间，《中华人民共和国公路法》《中华人民共和国道路交通管理条例》是交通安全执法的依据。而因交通安全设施的设置不足，使很多道路交通事故无法准确认定责任，给交通安全管理带来了极大的困难。交通安全管理的水平低下，意识差、监管不力、设施薄弱是三个直接因素，造成了我国交通事故发生率与死亡人数在汽车拥有量、道路里程数都较小的情况下，连续十多年排在世界第一的位置，触目惊心。

1987 年、1997 年、2004 年，公安部先后三次对《机动车安全运行技术条件》国家标准进行了修改。新的《机动车运行安全技术条件》(GB 7258—2004)是强制性国家标准。其中明确规定了当时已经广泛应用的车身反光标识、汽车行驶记录仪、故障用三角警告牌等交通安全产品必须被纳入机动车运行管理工作。

我国的交通安全产品行业发展在经历了 20 世纪末近 20 年的起步阶段后，于 21 世纪的前几年得到了迅猛的发展。一方面，高速公路建设在 2000 年到 2005 年里，建成了五纵七横的路网系统，总里程数逾 4 万公里，一跃而成为世界第二，期间我国累计完成交通固定资产投资 22300 多亿元。另一方面，“十五”期间我国城市化进程速度加快，特别是大中型城市的改造逐步跟国际接轨，都对交通安全设施的设置提出了极高的要求。截至 2005 年底的统计数据表明，我国民用汽车的拥有量已经突破 3000 万辆。

人、车、路的大量增长催生了复杂的交通安全环境，迫切需要先进的交通安全管理手段保障和谐。2004 年 5 月 1 日，《中华人民共和国道路交通安全法》在千呼万唤中立法施行。《道路交通安全法》中明确规定了“国务院公安部门负责全国道路交通安全管理工作”“对道路交通安全管理工作，应当加强科学研究，推广、使用先进的管理方法、技术、设备”。该法在第三章与第四章中，对道路通行条件、道路通行规定也做出了全国统一的规定，运用法律手段对行人、车辆、道路的安全防护设施进行了规范。交通安全产品也因此得到了空前的普及应用，涌现了一大批企业、个人共同参与到交通安全管理研究中，主要是针对如何通过硬件设施规范行车行为、预防交通事故发生、降低事故伤亡财产损失。

政府管理措施促进交通安全产品行业发展

近年来,国家政府职能部门大力度地推行交通安全管理措施,促进了交通安全产品的应用与发展。

2000 年 2 月起,经国务院同意批准,公安部、建设部发布实施了《关于实施全国城市道路交通管理“畅通工程”的意见》。公安部、建设部为此成立了“畅通工程”专家组,致力于有效地缓解城市交通拥堵问题。畅通工程是在“我国经济、社会快速发展,道路交通的需求迅速增长,而道路交通供给却严重不足,一些城市总体规划和交通规划不完善、交通综合运输体系不健全、交通运输结构不合理、路网结构不科学、道路交通设施匮乏、公民交通法制意识淡薄等问题日益突显,城市道路交通面临的社会要求高和管理水平低的矛盾十分突出”的情况下实施的。

“畅通工程”的主要工作之一是:实行统一规划,加快城市道路交通管理设施建设步伐。要在通盘考虑城市总体规划的基础上,制定、完善城市交通发展政策和道路交通管理的近期、中长期规划,加强道路交通法制建设,为城市道路交通管理可持续发展创造良好条件。要将城市道路、公共交通、停车场(库)、交通指挥中心和交通信号、标志、标线等基础设施建设纳入城市发展的总体规划和国民经济、社会发展计划,多方筹集资金,加大投入,按照国家标准和客观需求,提高其拥有量和完好率。

“畅通工程”的评价项目中,把交通设施的齐全有效列为重点:按照规范设置信号灯,信号灯大幅度增加;改建、渠化路口,渠化率达到要求;增设、更新、施划交通标志和标线;根据需要,隔离机动车与非机动车;按照规划建设并有效使用停车场(库);提高公共交通车辆拥有量,根据需要设置公共交通专用道;路网密度、人均拥有道路面积和道路等级明显提高,道路照明设施功能齐全,排水设施完好。

2004 年 6 月起,交通部在全国范围开展了大规模的以“消除隐患,珍视生命”为主题的公路安全保障工程,同时下发了《公路安全保障工程实施暂行技术要求》文件,计划用三年的时间全面排除国道等主干线的交通安全事故隐患。

国家标准《道路交通标志和标线》(GB 5768—2009)已经明确道路交通标

志的光学形式包括主动发光式。

2010 年，国家标准化委员会正式立项开展《主动发光道路交通标志》国家标准起草任务。交通运输部公路科学研究院和南京赛康交通实业有限公司已经共同完成征求意见稿，将于 2012 年底正式发布实施该标准。

2012 年 7 月，国务院发布《关于加强道路交通安全工作的意见》。

2012 年 8 月，交通运输部、公安部联合颁布了《高速公路雨雾冰恶劣天气条件下的安全技术保障工程》，在京港澳高速河南北段实施了主动发光交通标志示范应用。

交通部专家通过对事故多发和容易造成群死群伤事故的路段调查分析得出结论，我国二级及二级以下公路上的交通事故约占事故总数的 70%，群死群伤的特大事故在山区公路上发生的概率比平原区要高得多，其中急弯、陡坡、连续下坡、视距不良和路侧险要五种类型的路段又是事故的高发路段。为此，本次安全保障工程的实施范围是以上五个指标没有达到一定量化标准，且目前没有采取有效防护措施的路段。整治手段包括增设防撞护栏，加设减速装置及反光镜，增设标志牌，划设路面标线，设置公路线形诱导标志等。

在全国范围内，近几年都不同程度地实施了交通设施治理改造，收效显著，交通事故发生率与损失呈逐年下降的趋势。从 2007 年上半年公布的全国交通事故情况看：

2007 年上半年，全国共发生道路交通事故 159029 起，造成 36939 人死亡、188979 人受伤，直接财产损失 5.4 亿元。与去年同期相比，事故起数减少 32235 起，下降 16.9%；死亡人数减少 5117 人，下降 12.2%；受伤人数减少 33743 人，下降 15.2%；直接财产损失减少 2.3 亿元，下降 29.6%。其中，发生一次死亡 3 人以上交通事故 767 起，造成 3013 人死亡；与去年同期相比，事故起数减少 99 起，下降 11.4%；死亡人数减少 458 人，下降 13.1%。发生一次死亡 5 人以上交通事故 148 起，造成 995 人死亡；与去年同期相比，事故起数减少 29 起，下降 16.3%；死亡人数减少 236 人，下降 19.2%。发生一次死亡 10 人以上特大交通事故 14 起，造成 213 人死亡；与去年同期相比，事故起数减少 11 起，死亡人数减少 131 人。

其中,装有波形防护栏、防撞墙、防护墩的路段事故明显减少,未安装防护设施的路段事故比例较大。装有波形防护栏、防撞墙或防护墩的路段发生事故分别造成3467人、1379人、748人死亡,同比分别下降11.4%、11.3%和22%。无防护路段事故造成25762人死亡,占总死亡人数的70.8%。

事实证明,包括道路安全设施在内的交通安全产品的普及,很大程度上提升了交通安全管理成效。人、车、路三方面的交通安全产品全面普及,将更加具有现实意义。

交通安全产品发展的制约因素及其解决思路

事实证明,发展交通安全产品行业,普及应用交通安全产品,是一件利国利民的事业。我国是一个人、车、路持续发展的交通大国,交通安全产品行业的形成有助于国民经济从安全、效益上收益增长。当然,研究并促成一个行业的发展,也应当去分析影响发展的制约因素。我国交通安全产品行业整体上还处于一个刚刚起步的阶段,政府管理者在推广普及中有很多问题需要研究解决;企业在市场运作中有很多推广瓶颈需要突破;产品在现实应用中有很多工艺技术有待于研发成熟。交通安全产品行业要想发展成熟,分析其中的制约因素并加以解决非常重要。

制约发展的因素主要表现在:

成本过高。交通安全产品需要长期持续的投入改造与管养维护,其价值作用是通过降低事故损伤率、保障生命财产安全来体现的,不像其他固定资产、基础设施的投入可以直接通过市场化运作产生效益。而且,要真正使得交通安全产品从根本上起到预防交通事故的作用,就要大量、广泛、长期地投入使用,才能收效明显,这也无疑是一件成本投入高的长远事。

技术落后。由于我国交通安全产品起步时间较长,起点较低,国内没有形成大规模的研发生产,技术水平相对比较落后。反光材料、智能系统、生产设备还主要依靠进口,国内产品的低投入低利润直接导致恶性竞争、品质低下,没有较大的研发投入也很难催生高性能的产品。技术落后直接影响了交通安全产品本土化以及生产本土化的速度。

意识薄弱。人民交通安全意识薄弱是我国长期面临的问题,尽管通过大力

的宣传，人们已经知道交通安全基础知识，但也还是仅局限于遵章守法方面的知情而已。如何通过人、车、路的交通安全产品应用，做到防患于未然，保护自己出行安全，人们对其的了解却并不深入。至今还有不少交通安全管理者，抱着"坚固的设施撞不坏，设施无损最重要"的态度。夜间出行的人与车，没有交通安全保护性措施的更是普遍现象。意识的薄弱直接阻碍了交通安全产品的应用普及。

体制不畅。在我们国家，交通安全的管理者与投资者、受益者主体不是完全重合的。管理者是公安交通管理机关，投资者是财政拨款单位，受益者是社会公民，三者的理念只有充分结合在一起时才能够得到有效的投入、使用、受益。经常是，公安交通管理机关三令五申要强化交通安全产品的应用投入，财政管理者认为钱应花在该花的地方，迟迟不拨款，而社会公民，通常不会积极主动地为应用交通安全产品而操心。

根据制约交通安全产品投入的因素，我们可以从以下方面探讨解决思路：

首先是法制化管理严格执行，要按照各项标准、法规的要求对人、车、路的交通安全产品实施强制设置。只要有法可依、有据可行，交通安全设施设置时，应从体制上给予交通安全管理者资金投入、管理养护的决定权。对交通安全产品进行市场准入管理，没有达到硬性检测指标的产品坚决杜绝进入市场，在招标、采购活动中严格把关。加强交通安全管理机关对人、车、路交通安全产品设置的执法检查力度，通过管理达到一定的应用率。

其次是让企业与公民大力参与到交通安全管理中来，鼓励企业与公民加大对交通安全产品的研制投入，从政策、经济上予以帮助支持。交通安全科研机构与企业共同完成新技术课题研发，以费用共担、利益共享的方式完成技术攻关。促进国内企业将新技术产品投产，并由公安交通管理机关配合推广应用，以实现本土化生产、规模增大、成本降低，从而达到普及的目的。

还可以使交通安全产品尤其是道路交通安全设施通过市场化运作的方法降低投入管理成本，同时增加社会效益。考虑的主要办法是由政府或企业与保险公司合作，对所投资的交通安全设施进行专项投保。政府或企业作为交通安全设施的一次性投资方，保险公司作为后来损坏、养护、更新费用的承担方。交通事故的减少、生命财产安全的有效保护,直接促使保险公司与社会公民受益。同样,也可以通过应用可再生原料产品,实现二次翻新使用,以降低成本,提高使用价值。

最后还要注意的是,应当通过公益的方式,在宣传交通安全行为意识的同时,宣传交通安全产品与人、车、路的安全保障关系,提倡全社会公民积极参与到普及使用交通安全产品的行动中。试想,如果夜间的行人均着反光服装,车辆有清晰可见的装置,道路上有抗冲击防护性能好的醒目安全设施,交通事故的发生率与损失必定大大降低。

交通安全管理尽管是一项长期艰巨的政治性任务,但是它涉及国家与老百姓的切身利益,多方面解决交通安全问题,全方位研究管理方法和手段,刻不容缓。应用交通安全产品作为交通安全管理的重要手段之一,更加需要大力推广,以实现持续的交通安全管理水平提升。我们也呼吁广大交通安全产品的生产经营企业,乐观地看待交通安全产品行业的未来,全身心地加大对交通安全产品的研发投入。广大交通安全管理者更要加强自身专业化学习,提升理论知识与实践水平,研究交通安全产品的应用技术,为交通安全管理事业尽职尽责!

注记:这篇文章写得算是浅薄,最早写于2007年底,2009年收录于百度文库,近期作了简单修改。当初,从文章的完成到公开,我犹豫了三五次。出于让更多的人了解这个行业,关注这个行业的发展,也可能对普及交通安全产品(交通设施)大有帮助的想法,特汇于本书供大家交流。

New Cognition
of Traffic Safety

企业创新之路

"横冲直撞"的中国企业,如何在供给侧改革中拥有核心竞争力?[1]

当下的中国,老百姓所关心和诟病的教育不公平、看病难、食品不安全、劣质产品泛滥,都与当前热门的供给侧相关。这与自改革开放之初起,中国向世界提供了一个非常自由、完全、充分、开放的市场不无关系。谁需要完全自由开放的市场?是那些经济发达国家,尤其是欧洲的那些和美国这种已经高度实现工业技术文明的国家。在中国的工业技术还处于薄弱阶段的时候,你给他提供一个完全开放和充分自由的市场,他就能够到你的市场里面横冲直撞。完全自由开放的市场经济,打破了最早我们西北和东北脆弱的工业基础。

记得有一年我到甘肃的平凉,在平凉的老军工厂看到大规模散落的设备和

[1]本文发表于2016年4月26日新华网思客。

大量的下岗老工人，我非常感慨。但是我当时不知道其中的原因，不能理解，甚至于笑话他们没有市场竞争能力，哀其不幸、怒其不争。当时我是一个白手起家的创业者，内心庆幸的是国家没有对企业设这样那样的门槛，反而给予了自由的创业环境，提供了很多赚钱的机会。

近几年我接触国际市场出口的时候，我发现我的庆幸是有问题的。在我所处的行业，希望把整件产品销售给美国市场的时候，美国却不欢迎终端产品以外来品牌的身份进入，建立了非常严格的认证规则。几乎所有的产品，尤其是在我从事的道路交通安全设施方面，凡是涉及人身安全的，认证就非常严格。从原材料到生产过程，再到工程应用都有极高的标准认证体系，也就是我们常说的门槛，非美国企业的产品几乎不可能通过检测认证。

但是在我们国家，这个行业的门槛就比较低。我所从事的行业中最基础的交通标志、标线、信号灯等这些产品，在工程应用上大多是送样检测和事后控制质量。以前我们的政府采购中，很多产品的招标也都是事后控制质量，事前都是在企业资质与规模方面去把关，比如说营业执照需要多少注册资金、需要什么样的资质证书、需要多少投标保证金。事后验收时，施工企业会抱着一大堆复印件去验收，有时甚至难以辨别复印件的真假。即使验收发现问题，在市场的关系规则下，企业也会穷尽手段尽量免除责任。这是通常的情况，事后控制基本上很难做到质量保障。

质量的保障，从供给侧改革上讲，就是要实现各个行业的产业集中。为什么要产业集中？我举一个简单的例子，荷兰有一家飞利浦公司，很多男士都用飞利浦剃须刀。浙江省绝对有上万家小家电企业，但是我们上万家小家电企业却做不出一个飞利浦品牌。为什么？就是因为人家在产业高度集中下的人才机制、管理创新、技术创新与品质管控能力是强有力和可持续的。产品的质量认证，在发达国家执行时是全过程涉及职业健康与环境质量等的严格审查认证。

在供给侧层面实现产业集中，还需要去打造真正的企业核心竞争力。眼下我国的企业做核心竞争力，很多时候是为资本服务的，是围绕着资本的需求转圈圈的。

在第一个阶段的时候，资本市场关注的是企业的关系与资源，关系与资源能

够帮助资本实现一个垄断的市场份额并快速复制做大。早期我国的营养保健品市场，不乏有些“保健品”在当时几乎就是一种糖水制品，一些企业把加了糖和少量营养成分的水当作营养品去卖。为什么能畅销呢？因为人在贫弱的时期身体基本处于一种病态，糖水对于身体来说也是一种营养补充。在保健品没有标准、没有检测认证的阶段，哪个企业如果通过不正当途径把糖水放进药店去卖，那么它的可信度和竞争力就非常高了。还有资源，如果企业能够拥有一个矿山，或者能够圈到一块土地，这种垄断性资源本身就很有价值。有一段时期，企业大部分都热衷于四处去寻找资源。

第二个阶段，资本市场关注什么呢？他们看重企业的自主知识产权成果。资本之于功利是血性的，它总是希望利用垄断获取暴利。但是从技术创新对于人类社会贡献的角度，所有的研究专利如果均以垄断和固化自己的个体利益为目的，也是值得商榷的。人与企业的终生价值，一定是研究的任何一项高新的技术，能够得到最大化的普及和应用，去服务于更多的人类。这才是科学进步应当追求的目标。其实也没有人能够改变技术的普及应用这个事实。从这个角度，专利技术也不应当成为一个企业的核心竞争力。有些科技型创业者，支撑不了多久就倒闭了，为什么会倒闭？因为他首先心胸就很狭窄，他觉得自己的专利就是用来控制别人、不让别人生产、不让别人和自己竞争，是用来垄断的，显然这种想法是不可取的。

第三个阶段，资本市场喜欢什么样的企业？虚拟经济。在完全自由开放的市场经济体系下，虚拟经济能够更加快速和肆无忌惮地横冲直撞，挣钱的速度更快、规模更大。虚拟经济最重要的破坏，是破坏我们大众创业的本质，现在很多年轻人已经不想踏踏实实做基础性的实体制造业了，满大街的创业者希望建一个网站、开发一种程序模式就能一夜暴富。而真正解决我国当下的各种问题，需要夯实的基础产业，没有基础产业支撑的任何一种经济，都不稳固。

很显然，一个企业的真正核心竞争力，上面三种资本关注和喜欢的都不是。它应该是终端用户对产品或服务品质的信赖与依赖，做好品质这个核心，并且把这个核心树立为行业典范，才是企业竞争的王道。商场里，决定品牌销量的不是柜台、不是价格、不是导购，是清清楚楚知道自己想买什么样品质和价值产品的用户。

一个国家的经济核心竞争力，很大程度上取决于这个国家的企业拥有什么样的核心竞争力。当下时兴的虚拟经济、共享经济听上去都很美丽，但是经济发展也要遵循循序渐进的规律，不能一口吃成个虚胖子。衣、食、住、行，倘若能够在供给侧实现相对产业集中，倘若能够在这些基础民生保障领域产生一些具备扎扎实实核心竞争力的可持续创新型企业，就能披上更多美丽的外衣。

被德勤报告忽略的一面：中国制造在家门口的独家机遇[1]

“未来五年内，美国有望超越中国成为全球最具竞争力的制造业大国，届时中国将屈居第二。”德勤在《2016 全球制造业竞争力指数》报告中如此预计。对于连续多年蝉联全球制造业竞争力指数第一的中国制造而言，这无疑是我国政府和企业家必须应对的预言和挑战。德勤的预言会不会不攻自破，中国制造的竞争力在未来五年甚至更加长远的时间内能否依旧稳居第一？其实，打铁还需自身硬。

最近网上流行一个段子，“中国人民对国家的要求是最高的，创新看齐美国，制造看齐德国，房子看齐澳洲，环境看齐瑞士……”从中可以窥见，伴随长期

[1]本文发表于 2016 年 4 月 14 日新华网思客。

的社会安定和经济增长，普通民众已经不再满足于现状，对生活质量水平的要求愈发提高。事实上，任何一个国家或种族的人，从早期最基本的满足温饱的需求，发展到对生存物质的需求，再发展到对生活环境和精神的需求，都是人类社会不断追求生活品质的客观规律。我国是一个多民族团结在一起、传承了几千年文明的人口与土地大国，在历朝历代的政治稳定局面之下，都有着世界其他国家不可比拟的经济强盛地位。因其巨大的内需空间奠定了经济发展基础，同时也造就了制造技术的领先，古代四大发明和现代制造业崛起就是最好的印证。

我们必须寻找到，新常态下我国市场巨大的刚性内需的提升空间在哪里。"近水楼台先得月"，这成为中国制造的独家机遇。

我国的人口总量4倍多于美国，这个倍率在未来的10年、20年内可能还会正常保持下去。其中，我国目前大约有8000万的贫困人口，"十三五"规划已经把他们列为精准扶贫对象，纳入约7亿农民群体，将共同进入新型城镇而达到小康生活水平。另外，根据2015年CHFS调查数据测算，我国中产阶层的数量约为2.04亿，已经超过6.7亿城市人口的30%占比，并且这个数字在保持增长。分析这一系列数据的意义在于，前面提到的网上流行段子的内容，实质上表明巨大的物质生活品质提升的需求已经提出，这个需求量是包括美国在内的任何一个国家都无法企及的。细分到具体，无外乎衣、食、住、行、环境、文化等行业领域的个性化和品质化功能急需提升，而我们不应当在发展中的自己的国家挣钱，却到发达国家去进行生活性消费。

企业经营中，最可怕的是市场没有需求或者供大于求，反之最幸运的则是市场需求旺盛或者供不应求。现实中，前者多表现在低档同质化商品，后者多表现在精品差异化商品。我们会经常看到同一条街的商铺，有的店家冷冷清清，有的店家门庭若市，甚至于排起长队。国产商品常常滞销，国际品牌每每畅销，都足以说明旺盛的需求在向着精品差异化方向转变。而企业经营的本质，就应当是适应客户的需求去供给产品，中国制造也不应例外。

我国刚性内需提升的潜力究竟有多大，我们不妨用道路交通运输业的载货汽车做个分析参照。截至2015年6月，我国载货汽车保有量约2089万辆，同时有公开数据统计这是一个交通事故高发群体。与美国及其他发达国家相比，我国的载货汽车在机械和运行安全性能方面还有着极大的提升空间，完全有必要从制造的源头出发，给这个行业重新供给性能上更加安全、优质的整车。按照每辆平均20万元计算，就是一个接近4.2万亿元人民币的需求总量。考虑到当前我国载货汽车的安全状况和寿命周期，用5~10年的时间去更新它们，具有切合实际的可操作性。再从道路交通安全的角度讲，道路路侧设施的主动防护性能，同样是刚性需求。我国在这些方面已经明确了5年内的总体任务目标，实施中的全国公路安全生命防护工程，以及其他道路安全提升改造工程，有约450万公里的公路总里程，仅仅这一项估测就是上万亿元的投资。衣、食、住、行、环境、文化……每一个领域的细分提升都会催生出巨大需求，中国制造在家门口就能够抓住机遇。

美国制造业有两家全球著名且有着100多年悠久历史的企业，通用电气公司（GE公司）和明尼苏达矿业及机器制造公司（3M公司）。GE公司以提供高质量、高科技工业和消费产品著称，3M公司素以勇于创新、产品繁多著称（在其百多年历史中开发了6万多种高品质产品）。纵观这两家企业长期生存的共同缘由，其一是企业始终坚持创新，供给消费者高品质的产品并以此设定标准，严格执行标准工艺的过程管理，以保障质量；其二是与政府、科研机构共同推进特定行业的质量标准认证工作，实施严格的检查、监督、召回机制，以提升企业品牌形象；其三是为员工、股东、社会提供良好的分配机制，搭建集约化产业平台，让更多的人才在共同的产业平台上去创业创新，人才能够与企业终身捆绑在一起以实现共同价值愿景；其四是企业的创新体系中，管理创新、技术创新、市场创新齐头并进，尤其是管理创新所形成的作业标准与文化深入人心。

笔者曾经在美国的考察访问中亲眼见证，几乎所有的产品必须通过合格认证才能销售或应用，这其中包括原材料、生产过程与环境、职业健康、成品应用等各个环节，涵盖对安全、环保、健康、节能等细节的考究。以笔者所考察的行业举例，应用于道路交通安全防护的路侧设施，在美国的成品认证规则之下，我国在这一领域的企业仅仅能够向美国出口半成品，无法实现整机出口，也就无从谈起品牌的国际化。例如与人们出行息息相关的道路交通标志，美国企业向我国市场供应其生产加工的表面反光膜材料，连续30多年来市场占有率高达70%以上，而在美国，该行业的认证制度却决定了对本土品牌产品的限制性使用，其他国家则无缘涉足。

相比之下的中国制造，很多时候并不是企业没有优秀的工匠和先进的装备去制造出好的产品，全球制造业竞争力指数第一的背后，正是无数的中国企业借助人口红利与出口优惠政策，向全球供应了价廉质优的产品。而且中国的企业要出口产品，“质优”是一个必要前提。那为什么我们的“质优”却较难促成企业在国内市场通行无阻，形成做大做强的格局呢？

一是我们的政府和企业始终没有认真研究消费者的需求是什么，不能够站在消费者对诸如安全、寿命、性能的需求角度去供给满意的产品，一而再，再而三地伤害消费者的感知和认知。二是在充分放开的市场经济下，产品的生产、流通、应用环节较为随性自由、缺乏监管，除非特定行业在政策干预下存在垄断，否则企业将面对不同规模企业间的不公平成本竞争，直接导致无法通过技术和质量的竞争而形成较高的产业集中度（例如：浙江省有无数的小家电工厂，却出不了一个荷兰飞利浦公司），产学研结合落地的效率也就相对低下。三是从业人才能力和素质参差不齐，投机性致富的机会普遍较多，加之制造类企业的综合经营成本过高，无力形成优厚稳定的利润分配机制，科技和文化创新人才的话语权不足，人才过于频繁地流动流失成为常态，严重伤害企业发展的可持续性。四是企业对创新的理解不足和政府对创新的支持乏力，这主要表现在两点：一点在于企业普遍不具备管理创新能力，长期停留在市场与技术创新层面，缺乏诸如ISO、5S、六西格玛等管理层面的自主创新能力；二是政府在创新政策上重在给予引导力（重在承诺给企业创新以奖励或优惠资助），缺少驱动力（缺少对企业创新产品在应用层面的保护认证、推广普及）。

我们必须认识到，一个占世界人口18.84%的大国，工业和农业是国民生活的最基本保障，自古以来具有同等高度的战略地位，是任何现代虚拟经济下的相关产业不可撼动、无法替代的。

一直以来，国际上对我国综合经济局面甚嚣尘上的唱衰论调没有停止，而另一方面，以中国制造为主的工业经济高歌猛进，中国经济始终在嘈杂的声音中大步流星。究其缘由，一方面是曾经的战争与苦难给我国带来了民心所向的高度稳定的政治局势，另一方面是地大物博，物质资源供给与众多人口的消费红利需求之间形成了相对平衡，这也是中国在同一时代背景下，相比较其他国家所具有的独特优势。

德勤认为，美国正在开发先进的制造技术，包括智能互联的产品和工厂；同时，美国在预测分析以及先进材料研发方面也属世界领先，而这些均是未来的核心竞争力。在这一方面，我国实施制造强国战略的第一个十年行动纲领《中国制造 2025》已落地生根，结合“互联网 +”的全面推进，战略上与美国形成了两个经济体之间不谋而合的遥相呼应，对世界经济而言无疑是一个巨大贡献。只要坚定不移地推进制造强国战略，不断地潜心创新和改善技术，借助刚性内需提升的大好机遇，中国制造的竞争力指数必定会长期领先。

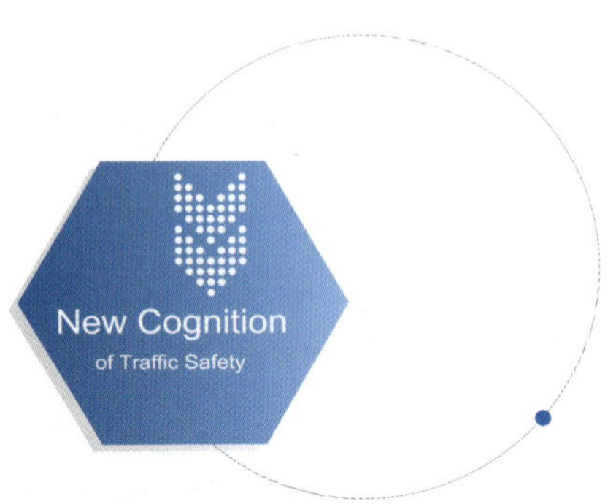

找准僵尸企业病灶,先行"望闻问切"[1]

随着供给侧结构性改革的深入,去产能、去库存直接面临的新一轮任务就是消灭僵尸企业。僵尸企业至少具有以下三大死因特征:一是饿死,工艺设备落后,被快速创新的新产业新技术所淘汰;二是撑死,大量一哄而上开足马力生产,面对的却是供大于求,原料、半成品、成品最终还在自己肚子里;三是找死,过度同质化供给廉价低劣商品,殊不知市场需求品质升级,买家不买账。死而尚存、僵而不腐的企业还基本上具备一个共同的特征:姓"公"不姓"私",有人伸手要钱却无人伸头挑担,等死。

虽然因为这样那样的原因被定义为僵尸企业,但企业是一个经济组织,不同

[1] 本文发表于2016年6月14日新华网思客。

于一个孤立的个体人。它们有着事实存在多年的经营史，职工、债权债务、固定资产、无形资产也都依然存在或者持续发生着变动，企业的僵尸状态实质上是一种焦灼的气息尚存的病态。消灭僵尸企业，首先要把脉问诊，然后根据病情决定消灭的方式方法。对于病入膏肓的企业，应尽早拿出一个万全的了断之策；而对于仅仅是局部严重病变的企业，则应当对症下药或实施手术，输血还魂。无论是了断抑或还魂，精准的病理诊断是一个关键。

望。任何一家企业的创立与存在过程，都有着不断升华的理念、使命、目标和愿景，也就是常说的企业文化。企业文化最早往往是一些理想化的口号标语，后来通过日积月累地对行为准则内在精细化管理，形成外在的体现形式。工厂的厂容厂貌、员工的举手投足、设备的运行状态、物料的设置摆放、上墙的公示公告，都能够直观地让外人感受到一股极具涵养的精气神儿。俗语说，没有规矩不成方圆，有精气神的企业转型做什么都能像模像样，反之则做什么都可能衰败。导致企业僵尸化，往往存在着较多的外在客观因素，而企业文化是否依然有可发掘的内力，需要仔细观察以感知判断。

闻。对于一家经营多年的企业而言，或多或少在社会和所处行业中有着一定的影响和声誉，有诸如商标、渠道等潜在的知名度和流通性无形资产。例如计划经济时代遍布全国的供销社，尽管后来因管理成本高、商品价格高等因素无力适应自由开放的市场竞争而衰败，但是瘦死的骆驼比马大，其品牌信誉和营销网络仍然具有极高的价值。拥有良好的无形资产的企业，即便在主营业务受到重挫之后僵尸化，仍然有可能在品牌影响力之下进行延伸和传递，开展同行业或跨行业的其他产品服务，相对容易再次获得成功。僵尸化企业是否在负面有形资产之外还有剩余价值，需要灵敏的听觉和嗅觉去认知。

问。就是要组织深入调研，包括向员工、供应商、客户、银行等在内的企业经营链条上的各方人员开展咨询，从不同角度去了解企业创立至今的过程情况，获取一个真实的经营曲线。企业经营不外乎围绕人、财、物的各项为实现经济目标开展活动，人是企业经营的主体，人才是决定企业成败的决定性因素，无论再多的客观理由，企业的掌舵人或团队难逃决定成败的干系。是否存在人的过错而导致了企业僵尸化？是否有可能通过责任机制的体系构建去实现救赎？需要局内人自查自纠，局外人清醒评判，问出个水落石出。

切。扒一扒企业经营的各项数据，对企业亮出的家底进行细化评估，掌握企业真实资产负债情况。应当至少拿出企业最近一个战略规划期间的数据，包括投资、营收、营销、管理、人事、研发等各方面，把不同年度的数据变化进行对比分析，去判断是战略问题还是战术问题，是长期问题还是短期问题。对于僵尸企业而言，这样的把脉非常重要，能够直接判断问题的本质在于表象还是深层，有利于给出自救或外援方案。

企业天生就是人的依附体，而姓“公”的企业往往会有更多的人青睐。企业是经济组织，不能持续完成短期或长期的效益目标就意味着必将最终消亡，组织中的人也不应存在。皮之不存，毛将焉附？然而姓“公”的企业就算僵尸化，也还有人不愿离去。

僵尸化的企业可怕之处还在于，半死不活，需要持续长期的营养供给，说白了就像吸血鬼，存在一天就会不停地耗费巨大的成本。如果用行政力量草率地将其破产清算之后消灭它们，同样是一种不计成本和不尽公平的巨大社会负累。对准其病理和病灶，果断地帮助指导僵尸企业采取自我了断或还魂的救助措施，用相对低成本和效益效率最大化的手段显然更加理想。

对于在望闻问切中确认属于落后淘汰产业、处于濒临死亡边缘苟延残喘的僵尸企业，且组织人事已经完全溃散或仅余老弱病残的，应及早妥善安抚余留员工，启动破产清算程序。

对于在望闻问切中能够确诊病理病灶且并非死路一条的僵尸企业，尚有可运转的设备存货资产和部分人员的，应及早施以还魂之术，尽快帮助企业走上新的经营正轨。

一方面，可以充分再利用企业尚存的优势资源，主动寻求与同行业企业的兼并重组，化解自救过程中的人财物压力。

另一方面，搭建一支管理与技术优势互补的高管团队，明确共同的中长期经营战略目标。同时根据企业重点病症给出手术方案和治疗药方，分配各自的短期战术任务。这其中主要包括：建立全新的企业整体人才组织架构；寻求日常经营必需的融资；设备资产的清理重组；债权债务的重新配置；主营业务的创新转型;技术研发的创新立项;市场营销的创新拓展等等。

应当清醒地看到,供给侧结构性调整不可能一蹴而就,当前乃至未来的一个较长时期内,消费需求仍然处于旧有和新生共存、低端和中高端共存、乡镇和城市共存的阶段。相较于世界上其他国家的优势是,我国自身就具有人口数量众多、经济增长能量巨大、消费需求多层次并重的特征。在盲目投资、重复建设的高产能和高库存现状已经止步并在逐步扭转的情况下,大力实施产业技术创新的同时转化和消化积压库存,尚有较长的缓冲时间和较大的转型空间。

企业僵尸化不是当代的新生事物,也不是我国才有的新生事物。在任何一个国家经济增长转型的时代,都会出现僵尸企业这种怪物。20 世纪 80 年代中期,在改革开放热潮的推动下,计划经济体制下的很多国有工厂一度负债经营、停工停产,形同僵尸。今天全球著名的企业——海尔,在 1984 年,其前身青岛电冰箱总厂,就是一家规模约 800 人、亏空 147 万元的濒临倒闭的国营小企业。张瑞敏先生临危受命后,禁止随地大小便、举起铁锤怒砸 76 台有缺陷冰箱的故事被广泛传诵,最终使海尔成了现在全球最大的家用电器制造商之一。在几乎同一个时代背景的中国,类似青岛电冰箱总厂的僵尸企业还有很多很多,有的被锐意进取的改革者成功转型,有的通过股份制形式让职工成为企业的主人而重新振作,有的被资产拍卖挽回损失,有的任由依附者们守望着大门在风吹日晒中破败……透过国际上大量处理僵尸企业的经验窗口可以看见,僵尸企业僵化最核心的往往是管理体制和人的观念,不同行业、不同地域的僵尸企业有着千变万化的不同病因,同一种手术、同一个药方治不了看似同类的僵尸企业。只是,僵尸企业对社会的危害很恐怖,留不得、拖不起、死不起,需要找准病灶,下快刀、灌猛药、早救治,方为上策。

解读中央经济工作会议:工业和城市是两大红利[1]

关于红利,老百姓听闻最多的莫过于改革开放红利和人口红利。前者指制度创新所带来的经济增长收益,后者指劳动力大存量所带来的经济增长局面。当曾经的改革开放制度推进到深水区,并且劳动力人口下降之时,“红利终结”的言论甚嚣尘上,同时带动了虚拟经济萧条论或者实体经济衰落论的紧张甚至恐慌现象。据此,有些人开始猜疑社会,揣摩政策,各种倾向于“红利终结”的政治经济学言论得到最快速度、最大面积的传播。十八大以来,最为热议的中国经济新常态话题,也往往被部分人误解为经济减速或无力增长,而忽视了真正意义上的中国经济全面进入“调结构稳增长”的新常态阶段。

[1] 本文发表于 2015 年 12 月 22 日新华网思客。

释放"三农"潜能，不妨依靠工业和城市

刚刚结束的中央经济工作会议，面对企业产能过剩、实体经济成本过大、房地产存量过高、供给侧结构短板、社会财富分配不均、金融体系监管风险等实际问题，工作组给出了2016年全面的工作任务和措施，明确地提出在"十三五"期间要完成精准扶贫、全面建成小康社会。其中，企业减负减税、精准扶贫帮助农民进城、降低商品住房价格，有力地传达了新常态下"调结构稳增长"的信心和决心。

从表象上的"红利终结"，经济难以为继，到实质上的"调结构稳增长"，经济持续上行，我们有理由相信这一轮经济工作目标最终将全面实现。

其一，我国有充盈的工业红利可以释放和发展。在创新改革开放体制、以成为世界工厂为导向的30多年发展过程中，我国至今已有总数超过800万家的生产制造和信息技术类企业，各类企业总数更是超过了2250万家（来源于2015年第一季度悉知《中国企业数据报告》），培养出的产业工人也早已经数以亿计。在这样一组数据之下可以清晰地预见，即便是以生产制造业为代表的实体经济，尽管在一个阶段时间内出现过这样那样的经营结构调整问题，经过多年磨砺的企业已经完全可以从日积月累的经验中自发主动创新，去适应工业现代化的发展进程。荒年饿不死手艺人，掌握了一技之长的产业工人们也同样具有更好的谋生本领。产能过剩问题也可以理解为仅仅是生产力发展到一个峰值阶段的必然，结构性调整是任何一个国家在工业化进程中必须要面对的，况且过剩产能导致积压的商品仍然具有使用价值。充沛的企业、产业工人、产能，直接带动的是生产力水平的提升，是不可多得的工业红利，代表着强劲的可释放的能量。

其二，我国有丰厚的城市红利可以释放和提升。长期以来，我国在城乡二元结构上侧重于城市发展，根据国家统计局统计数据推断，截至当前，我国人口达千万级的城市已经超过15个、百万级的或已经超过300个，城镇人口数量也已经超过7.5亿。形成了如此巨大的城市和人口规模的同时，由于长年经济高速增长积累的财富大量投资于城市建设，今天的城市普遍以高楼林立、道路宽阔、车流不息、商业繁荣为典型特征。在许许多多的城市家庭拥有2套以上住房的情况下，仍然积存了大量商品房。当然，富余和存量的商品房是一个庞大的

资产财富。城市的教育、卫生、文化、商业等公共设施比乡镇农村更加健全,激发着更多的居民勤奋学习和工作以留在城市生活,也诱惑着更多的乡镇农村居民希望进入城市生活。城市人口和经济的总量显现出无比强大的活力,反映出不可多得的城市红利,具备了向社会释放财富的极大潜力。

其三,我国尚有庞大的"三农"有待哺育。从几千年的农耕文化向工业文明时代过渡,以农业、农村、农民为代表的"三农",至今仍然处于一个现代化农业产业水平的起步阶段,也是经济全面发展中的短板。在6亿多农村人口之中,还存在着8000万左右的贫困人口,他们至今依靠出苦力进城打工或者农业种植为生。在多年的投资、出口、消费这"三驾马车"的经济拉动中,农民的消费能力在其中提供了多大的动力,我们无法得出准确具体的分析数据。而事实上,他们同样为国家发展的各种红利付出了劳动和贡献。只有农业人口与城镇人口共同富裕,才是全面实现小康生活水平的标志,这已经得到全民共识。通过精准扶贫、哺育"三农",让"三农"群体的消费能力获得一个较大较长时间的提升,将促使各类生产要素得到最大化整合利用而提升生产力水平,也会使我国经济增长的"内需消费"这驾马车依然保持马力十足。

从这次中央经济工作会议内容的前置核心,可以很直观地看到,用工业和城市这两大红利向"三农"释放能量,哺育"三农"获得增量,既能够让人们早日在贫富均衡的环境下和谐生活,又能够保证有永续的十足动力,又平又稳地开好多驾中国经济的马车。

"人无信或无债而不富"的时代要来了?

对一个普普通通的老百姓而言,解读中央经济工作会议,可以从中看到投资与收益的机会。在高度的政治稳定和巨大的经济红利之下,要坚信"去产能、去库存、去杠杆、降成本、补短板"的经济结构调整目标必定实现。在实现目标的过程中,对于不同体制下的各类企业、不同形态下的各类产业,法人治理结构和信用体系建立健全、产能业态求稳求精可持续、产业集中且财富分配有序、科学创新提高技术水平,将是赖以生存的共同基础。而目标的最终实现,也同时意味着经济总量的扩大,这其中货币增发和通货膨胀在所难免。就像改革开放前1978年时的货币总量,如果不增发,是不可能达成今天的经济局面的。增发与经济增长相当的等量货币是一种常规调节的手段，正常的通货膨胀也是可以接受的，我国在过去30多年中一直在保持适量的增发、增长和膨胀，经济和生活水平的提高也有目共睹。

拉升经济和增发货币反映到生活层面最直接的现象，就是老百姓手里的现金会向着反方向加速贬值，需要通过适合的资产配置去应对通货膨胀而避免贬值。老百姓一方面可以通过向企业进行股权投资获取合法红利，另一方面可以通过劳动力在社会财富的均衡分配中获取合理收益，选择高诚信度的广泛投资渠道将是城乡居民资产配置的最佳方式方法。我们可以预见一个“人无信或无债而不富”的时代即将到来，而未来的“富”代表的或许不再是“钱”，是精神文化和物质资产共同结合的“有”。

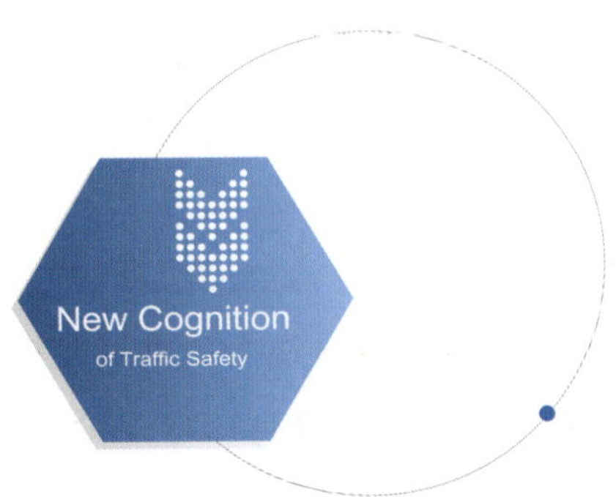

创业早已不是当官发财那么简单[1]

随便翻开一些创业教科书，浏览碎片化的商业信息，不乏创业者白手起家而快速成为富豪级企业家的案例。新闻媒体更加热衷于报道那些富豪级企业家的创业经验，使得他们成为大众追捧的热点人物，似乎只有他们的创业经验才是真理，只有像他们一样成为富豪才是创业的成功。创业，一度成为创业者们追求财富和地位的代名词，与传统的"当官发财"的荒唐想法相比有过之而无不及。经商与做官，古往今来代表着创造财富和地位的机会，也同样逃不脱"富不过三代""高处不胜寒"的境遇。

在社会经济发展高度文明的当下，创业已经不再是简单地经商，也不仅仅代

[1] 本文发表于2015年11月26日新华网思客。

表着创业者个体行为，而是一群人或更多的人在同一个理念下共同经营，改变共同的命运。倘若创业者扭曲地把创造个人权贵当成实现人生成功的目标，去不择手段地做一些投机营生，显然只能算是一个唯利是图的商人，与当今主流的“企业应当承担社会责任”格格不入，更谈不上是一个创业者或企业家。因此，我们应当引导大众去思考，什么是创业？如何去创业才能够与当今的主流创业文化价值观保持步调一致？

企业的成功如何定义？

创业是组织一群人，用集体的智慧、资源和力量，在特定的行业领域实现可持续经营业态的过程。

生活中的人们常常习惯于把实现一个或长期或中短期的目标定义为成功，目标的大小决定了成功的影响力。于是乎，创业者们通常也会给自己和团队进行成功的定义，以达到一个既定的经营规模和盈利水平为创业的成功。而事实上，企业的经营是一个持续动态的过程，不同阶段的经营目标会受来自外部社会环境和内部企业资源的不确定因素所影响，有的能够顺利达成，有的根本无法达成。在企业经营中真实的情况是，如果不同阶段的经营目标是正确或必需的，无论该目标是否最终达成，为达成目标所做出的努力对于企业的持续经营都会是一个推动作用力。企业真正的成功，应该是在若干年的时间里除去不可抗力（天灾或战争）之外而实现健康永续的经营；反之，即便是在获得了若干的成功之后而主动或被动地解散企业，无疑都是失败。美国可口可乐公司前任董事长罗伯特·士普·伍德鲁夫曾说，只要“可口可乐”这个品牌在，即使有一天，公司在大火中化为灰烬，那么第二天早上，企业界新闻媒体的头条消息也还会是各大银行争着向“可口可乐”公司贷款。可口可乐品牌所代表的企业持续经营能力，足以例证什么是企业的真正成功。

很显然，一旦企业具备了可持续的经营能力，就演变成了一个能够承担更多社会责任的公众组织，这个公众组织中的每一个人都是创业者，他们将为社会和人们所欢迎并尊重。在人人都是创业者角色的企业中，企业很容易获得“全员营销”的强大核心竞争力。关于全员营销，笔者曾对很多中小企业的员工做过询问，得到最多的答案是错误地理解为“公司里的每一个人都在本职工作之外做销售”。只有极少数的员工知道，公司里每一个岗位的每一个人都把自己所做的事情与“更好地服务于客户和社会”相关联并负责，才是真正意义上的全员营销。

企业应先实现质变，进而才能量变

创业需要最初的创业者（创始人）把自己的爱好兴趣共享和推广出去，逐渐影响一群创业者，使创业成为他们共同热衷的事业，点滴积累、精细化地去做到专业专注、完整完美、利人利己。

一个企业的创始人计划组织团队去攀登一座名山，希望通过共同的登顶活动展示某种文化，通常很容易得到员工们热情的参与支持。在带领团队向高耸山峰攀登的过程中，放弃、掉队、埋怨的大有人在，其中最终登上峰顶的一部分人也未必还能够有再次参加类似活动的兴致。这是因为，登山是一项需要体能和技能的专业运动，需要具备兴趣爱好并长期锻炼培养，仅仅有兴致热情根本无法使得每个人都承受登山过程的苦累。对于创业者们而言，在持续的企业经营中面对的困难层出不穷，所付出的脑力、精力、毅力远比一项登山运动多得多，拥有对事业执着追求的兴趣爱好才能化甘苦为快乐，否则随着创业热情的消退注定半途而废。三百六十行，行行出状元。只要功夫深，铁杵磨成针。古老而浅显的谚语故事告诉人们，用心和专注，坚持和勤劳，能够促使一个人在任何一个行业获得成功。一个人在一个行业里博取到功名，一块坯料经长年累月地磨砺变成精品，前者的成名和后者的成材，都能够为各自带来高附加值。而其中的过程，唯有认真地去学、去做，去体验寒窗之苦。

在中国制造向全球市场输出的今天，生活用品中的诸如剪子菜刀、小家电、照相机、自行车等，外国的双立人、飞利浦、佳能、捷安特等这些品牌和质量几乎在我国家喻户晓人尽皆知，而中国品牌在国际市场上却是一张白纸。是什么原因导致了中国品牌在国际市场的集体缺失？答案很多，更不缺专业研究，就是总也没有进步。其实了解一下发达国家的产品认证制度就知道，严谨苛刻、以人为本地对产品生产全过程实施认证以确保质量精准的体系规则，中国的企业只能望而生畏。任何一件产品，从原材料出产、生产过程、检验、包装，到半成品、成品的生产过程和最终检验、包装，涉及生产运输全过程的所有环节都必须能够对人

身健康、环境安全、产品质量提供可靠保证。在这样的管理理念和约束规则之下，企业只能首先实现质变，才能进而产生量变，而不是像我国大多数的企业始终不停地以产能规模的增长为做大做强的标杆。

创业与投资是一对永不分离的孪生兄弟

创业需要为实现可持续经营而进行长远地战略性持续投资，平衡投资与收益两者之间在不同战略阶段的关系，而不是自始至终一味地寻求收益大于投资。

近年来我国经济进入了新常态，数量庞大的企业开始焦虑不安，在出口、投资和消费的缓慢节奏中一筹莫展，曾经引以为傲的资产规模也成为现时的巨大固定成本拖累，难以为继。尤其值得反思的是，在政府对企业的政策支持和评价体系中，更应该从可持续经营能力的角度考量，而不是盲目地统计，以投资、利润、税收等方面的高比例增长数字作为依据。尽管高比例增长数字能够反映一个企业是否具备可持续经营能力，但是一个企业要几十年、上百年地可持续经营，必须要有一个长远的包括储备、奠基、成长、回报阶段在内的战略。在企业长远战略实施的前期，至少十年到二十年的时间里，应当是投资的同时获得收益、收益用于再投资，用大于或等于总收益的投资去完成足够的储备而奠定成长基础。倘若是一个白手起家的创业型企业，则更加需要理性地看待投资、利润、税收等方面指标，重视并评估企业把收益用于投资经营活动的战略重要性，施之以政策性经济支持，帮助它们完成战略的原始积累。

创业与投资是一对永不分离的孪生兄弟，创业一定存在包括人力、财力、物力在内的各种投资，但不一定在所有方面都获得收益，甚至于要面对亏损。对一个创业者来说，他可能在创业伊始自认为一穷二白，但事实上他必须投入比其他创业者更多的时间和精力，为了发展得更好，还需要把将来挣到的真金白银全数投入，甚至于举债投资也不例外。当然，为了保持可持续的经营，创业者应当审慎地进行财力投资，不断提高驾驭风险的能力。

别让永不消停的关系营销拖累创业者

创业需要创业者们拥有一颗平实的心，用恒定统一、诚信实在的价值观去经营市场，不宜在经济的起伏中追涨杀跌，以获取社会的持久信任。

在这里，有必要把农业、工业和商业进行简单的理解区分。农业是人类长期赖以生存的产业(民以食为天);工业是出于人类对生产生活资料的使用需求;商业是出于使得农产品和工业品广泛流通。可见,农业和工业的本质是满足人们最基本的衣食住行需求的生产行为,而商业的本质是从事交易活动的行为。可以理解的是,从事商业活动的商人追逐利益是他们的天职,从事农业和工业的农工者们应当以追求供给高质量、低成本的物资为天职,后者如果逐利,衣食住行的最基本保障将无从谈起。我们今天推崇大众创业,在把创业者定义为英雄的时代,也应当思考我们该给创业英雄一个什么样的定义。是鼓励他们一步一个脚印地成长并分担社会责任,还是任由他们暴露逐利的本性四处冲撞?

在企业经营活动产生的交易行为中,不外乎有商务、技术、价格三大谈判要素。商务代表的是信誉能力,技术代表的是品质保证,价格代表的是成本优势,三者结合在一起形成一场交易的综合服务竞争力。除此之外还有一种交易形式,就是品牌营销,企业通过长期积淀的品牌形象向众多消费者提供强有力的商务信誉和技术保证,实施统一的价格机制。由于品牌营销减少了烦琐的交易谈判环节,最大限度降低买卖双方交易成本,是全世界范围内促使企业做大做强的法宝。大量的创业者们热衷于谈判式的交易行为,因为谈判交易有助于推进人际关系或有助于人为认识倾向,有机会获得高额利润。久而久之,以投机为手段的经营行为,丧失了更多潜在消费者对企业品牌的认知认同,创业者们只能为了企业的生存和发展,深陷于永不停歇的关系营销之中。

创新的路上，需要一点“工匠精神”[1]

创业让更多人改变命运

自然界分布不均且有限的物质环境资源，决定了生物界物竞天择、适者生存的法则。即使是有思想智慧的人类，人人平等与均贫富，现在也仅仅是我们终极的向往，仍需为之不懈努力和奋斗。历史书里，过去的贫弱者们通过斗争的胜利获得话语权，然后把战斗者标榜为英雄，把战争书写为进步，之后就开始小心地保护既得利益。周而复始，每一次为命运的斗争和变革，都促进了既得利益者的思维进化，他们运用更加高明的策略和手段保护自己，当然也会相对更多地分配给贫弱者们赖以生存的财物和教育资源，以实现更加长治久安的社会稳定和谐

[1]本文发表于2015年12月21日新华网思客。

共处。

而今天,我们生活在国家长治久安,社会和谐进步的时代。共享和平、反对战争,已经成为全世界人们的共同愿景。通过创新改变命运,是现代社会以和谐共处为主流文化的文明进步的标志。

在革命战争年代,不乏抛家舍业、投笔从戎者在战场上冲锋陷阵,那是一种保家卫国的义举。和平年代,有胆有识者在市场经济中创业创新,未尝不是一种用实际行动实现国富民强的英雄情怀。当下,在政治高度稳定的我国,随着经济稳步增长,代表民众意志的文化和法治建设已经得到持续进步和完善,从而为人们提供了更为广泛的就业和创业机会,并且鼓励和支持人们勇于创新。这是几千年来从未有过的大好机遇,既能够让弱势群体得到非常多的机会改变命运,又能够让众多的不同群体创造更加强大的生产力,实现综合国力的提升。从古代造纸、活字印刷、指南针、火药技术的发明,到现代纺织、通信、交通等领域的研制成果在世界领先,每一次技术创新的实现,都源自于自发的民间创造力,它们在改变了一群人命运的同时,也改变了全人类的生产生活水平。

创新的本身并非是复杂的、高难度的事物。发现生活中存在的问题,去学习和了解未知的知识和事物,从而寻找改变问题的方式方法并施以行动、落实为成果,都属于创新的范畴。

每天网络和媒体上的大量信息让人们知晓,我国持续三十多年超高速增长的经济,遗留下了非常多的社会问题,诸如人口、企业、环境、交通、分配等,把我国带入了一个急需变革的发展阶段。我们当下应当看到的现象是:一方面,过去巨大的低成本劳动力的人口红利,给予了我国成为世界制造工厂的机会,只要愿意付出时间和精力,通过学习发达国家的工艺和技术,几乎不需要创新,就能够丰衣足食,同时也使得我国付出了负面问题较多的代价;另一方面,我国政府在积极主动地直面问题,频率极高且全面地发布强有力的政策措施,去缓解和消化问题,寄希望于通过全体国民的力量改善现状,这无疑给予了所有国民同等的创新机会,也唯有创新才是解决问题的根本办法。减税、取消资质限制以降低企业创办经营的门槛,实施“中国制造 2025”战略以夯实实体经济,供给侧改革和减少产能排放以改善生活环境,实施“一带一路”战略以形成更大格局的经济面,精准扶贫以缩小贫富差距，以及“十三五”规划中一系列的宏观和微观政策，无处不显现出对创新的激励与支持。在这样的背景下，问题下面显露着广泛的创新点，任何一个敢于挑战和勇于探索的人，随时随地都可以投身于创新，通过创新实现更大的人生和社会价值。例如我国急需解决关系民生的环境问题，其中包括的重要一项就是对“扬尘”的治理。在瑞士、德国等欧洲国家，一年四季随处可见满眼绿色的草坪，几乎没有一块裸露的地表，灰尘也就无从扬起。相比之下，仅仅在绿化植被方面，我们就有足够多可学习和借鉴反思之处，例如如何通过创新种植技术和选择哪些植被物种去改善环境。

“工匠精神”是创新中不可或缺的精神

人们多年来崇尚的“工匠精神”，同样是创新中不可或缺的精神，创业者们通过长年累月点滴积累的经验实施持续改进，去不断满足日新月异的市场需求，使得创新成为企业在复杂多变的市场环境中保持永续生存的利器。

我国当前形势大好的改革热潮，与全世界范围内非常快速的技术变革相呼应，社会上涌现了大量的新团队、新模式、新思维，如火如荼地上演着各类创业秀、创新秀、成功秀，人们津津乐道于“猪在风口上都能飞起来”的话题。创业者的激情常常源自于对财富和成功的追求，而要真正做成一项事业，拥有更多的知识和技能、投入更多的精力和时间，远比激情更加重要。另外更加重要的是，需要选择一个适宜的时机让自己成为幸运儿。从诺基亚、尚德和互联网行业层出不穷的新老企业失败衰亡的案例中总结可知，被对自身过高的估量、对市场超前的估测、对创新过高的期望冲昏了头脑，忽视了对困难和风险的防范，是他们的共同点。实践是检验真理的唯一标准，之于创业也应当是同理。创业需要的是长期一丝不苟的认真实践和持续改进，任何过高、过快、超前的乐观预期，都会因为难以保证不夹杂虚造的成分而无法落实。当然，世界知名品牌的企业也有着它们的共同点，就是能够向市场提供极高性价比的产品和服务，使其拥有更多忠实的消费者。这些世界知名品牌，无不是通过几十年、上百年的人才和技术积累，才造就了难以超越的创新格局，美国3M、日本丰田、德国西门子、中国华为均属此类。温故而知新，可以让一个人的知识循序渐进增长；积累而创新，能够让一个企业的经营永续健康发展。

对于企业或组织而言,创新是一种能力,我们可以把它称作创新力,在本质上,其比企业的生产力提高了一个智力水平,就是需要具有一定生产经验和劳动能力的人,充分发挥他们的思想智慧,结合生产资料的使用,形成更加强大的力量,去创造价值和改造自然。企业创新是一项全员参与的系统工作,它需要获得包括管理、研发、生产、营销、财务在内的所有岗位人员的认可和实实在在的行动,用较低的成本创造较高的附加值,以保证企业经营的可持续性。在企业的研发过程中,高成本投入产生高价格高价值的产品很容易实现。相反,低成本投入产生低价格但高价值的产品就非常困难。就像我们日常食用的食品,如果在原料中混入各种食物添加剂,极易加工出色香味俱全且价格高昂的食品。如果从食品安全的角度考量,禁用添加剂的同时做出上好的食品,追溯生产源头,在食品原料和制作工艺上下功夫,其生产成本也能够得到控制。要具备这种显而易见的、有益于社会且可持续的创新力,则要求企业必须建立健全创新体系,渗透到全过程的企业经营中,使企业内外部纵向与横向紧密衔接来驱动创新。

创新是推动社会进步的滚滚潮流,前进道路上的保守和阻碍的高墙,可能很难被改革的力量推翻,但终将被创新的潮流淹没或瓦解。在我国一百多年的近代历史中,人民持续不断地革命、改革,使得我们彻底从过去几千年贫穷落后的旧社会解脱出来,走向今天的全面小康。历史上涌现出一批如梁启超、鲁迅、茅以升、钱学森、袁隆平、屠呦呦、任正非等各领域的杰出人才,细究这段历史,思想、体制与技术的创新在其中起到了决定性作用。很难想象如果没有创新,该如何去打破几千年来形成的固有传统和既得利益。因此,万众创新已经被当今的核心领导集团提高到国家战略层面。但是,创新对于企业而言依然存在着巨大的阻力,存在着这样那样的问题。例如:具备工匠精神的人才匮乏并且薪酬高昂,基础性研究得不到重视但投入较大,知识产权保护不力导致竞争泛滥无序,传统体制政策使得新产品开发周期过长,公共性质采购不愿意承担风险,传统从业者坚守固有利益阵地而致使新产品推广应用艰难,各行业投机性营利机会较多而从业者们心态浮躁……种种这些都是显而易见的企业创新中高成本、低产出的重要因素,都需要推动创新的政府部门在政策和体制上加大改革力度。虽然创新面临着诸多阻力和问题,但千百年来人们都对新生事物满怀探索兴趣和认知欲望，这些问题并不会影响大众需求者们对新技术新产品的热情。就像今天的智能手机、3D 电影、电动汽车、网络购物风靡世界，新技术新产品能够为各行各业创造出具有独特优势的核心竞争力，并产生丰厚的利润，这必定会促使创业者们在任何艰难的环境中，都能为了创新而砥砺前行。

发展中国家的人们津津乐道于欧美等发达地区和国家所取得的巨大经济成就，其根源在于发达国家在若干年前，就领先于其他国家，摒弃保守思想而大力开拓创新，用工业革命的思维和行动迅速崛起。拳脚敌不过刀剑，刀剑敌不过枪炮，枪炮敌不过核弹，落后者挨打是不争的事实，唯有通过不断创新才能胜出和持续胜出。在创新的道路上前行，是各行各业永续生存和保持活力的不二选择，否则只能注定在自然界的生存法则中被逐渐淘汰。

家乡，从无奈离去到无法割舍[1]

生活在南京市，每每快到年底的时候，常常会听到“过年回老家吗”这样的亲切问询，或出自于曾经生活在一起的家乡老朋友，或出自于近年来生活在同一个城市的新朋友。而我似乎已经不再习惯于把那南京以北七八十公里之外的安徽省来安县乡下的家，称作老家。因为回去的道路已十分通畅快捷，即便需要横跨两省，也仅需几十分钟车程。两地双向的“安徽东向发展桥头堡”“南京一小时都市圈”的战略构建，早已经把两个不同省份地域的生活和工作紧密联结在一起。更多的来安县人开着“苏 A”牌照轿车在南京工作生活，也同样有更多的“苏 A”牌照轿车穿梭在来安县的乡村公路，已经无法区分车主的身份是城里人

[1]本文发表于 2016 年 2 月 19 日新华网思客。

还是乡下人,城乡居民身份的界限变得模糊。

自打2003年前后在南京安了家,位于安徽省来安县乡下的那个家——只能先叫它"老家"了,挂上了锁。后来,回乡下办事的时候会回家看看,打开锁进去望望,在春节的时候贴上新的门联。再后来,木门烂坏了,锁也就自动脱落,瓦屋顶投进的亮光似乎要比塑料纸窗户的光线还要亮一些,石灰墙壁和水泥地面上有大片大片的水迹污渍。破旧的中堂和两边悬挂的布满灰尘的牌匾,隐约还显示着贺词,昭示着1984年建成这四间崭新大瓦房时的喜庆。2012年,为了保护好我的老家,我又投入一笔钱拉起了一个2米高的大大的院落,房前屋后栽上了各色的花木。不仅仅是我家,村子里几乎每家每户都拉上了院子。无论是否还在居住已经不重要,重要的是在乡下还有个家,那是自己今生的根。不像居住在城市的人常常需要搬家,乡下人是一辈子也不会搬家的,最多是房子老旧了重新翻盖。对于老家破旧房子的无法舍弃,不是因为值多少钱,只是一种对故乡的家的爱恋情愫,无论今后是否还会再回去。

在1995年之后进城的乡邻,赶上了那一年的二轮土地承包政策,30年的承包合同期内,户口的迁出并不影响仍然拥有种地的资格。承包地里栽植经济苗木,委托一些在家的亲友稍加看管,赶上城市建设的绿化需求热潮时,便有机会获得比种粮食更好的收益。节假日空闲之时,邀上几个地道的城里朋友去自己的田间地头转转,难免沾沾自喜。更多的进城农民选择了把土地流转给专业种粮大户租种,每年一亩地能够有不低于700元的租金,同时正常享有政策性补贴款。曾经是全家人赖以果腹的土地,产生了可持续的稳定可观收益,是多少辈祖上的世代农民不敢想象的。很多农家即便在城里有了安定的居所和职业,也至少要留一个人的户口放在乡下,以保证土地的持续拥有。如果没有孩子就学的需求,一些在城里买房的农家已经不愿意进行户口迁移。

乡下土地成了农民的聚宝盆,城里的工作生活为农民提供了与城里人几乎同样的便利,过去一些尖锐的问题和矛盾随之化解开来。

最为明显的是曾经的修路与用地矛盾。从最早的开辟机耕路铺设砂石,到后来上级政策性推进开展的"村村通"工程修水泥路,让乡镇、村组干部们最为头疼的是征用土地的工作极难推进。从谁家的一亩三分地穿过都不情愿,因为土地是几千年以来小农思想体系中，确保一家老小不致忍饥挨饿的唯一资本。修路工程经常是修修、再停停，一个断头路几年才能修通的情形也是存在的。而近两三年来，拥有私家小汽车的农户越来越多，各类经济作物主要依靠机械化种植和使用大型车辆运输，原本较窄的水泥路根本无法满足双向通行的需求。拓宽道路提高通行效率成了自下而上的呼声，争取到道路拓宽规划和建设批准成为村民代表的重要提案。修路工程征用土地工作一呼百应，不再有人斤斤计较于寸土寸金，更多的是期盼早一天竣工获得通行的安全和便利。如今，老家乡村间的大部分道路变了样，超过6.5米宽的沥青或混凝土路面连接着各个村庄，车来车往、楼台亭阁的现代化小康生活景象随着公路而延伸……

安徽省开展的“三线三边”城乡环境综合整治工作逐年推进，促进乡镇街道的环卫工作进行了社会化服务外包，乡村陆续建起了垃圾中转站，绿树成荫、芳草青青、错落有致的田园和家园环境，带动了城里人下乡度假旅游热。垂钓场、小渔村、大锅灶、植物园、葡萄园、草莓园、赏花节、采摘节、农歌会等等丰富多彩的农家乐项目应运而生，红红火火。田园牧歌、名人故里、古迹探秘、红色革命、神话传说等名目的旅游项目因地制宜，风光无限。

宜居的环境、小康的生活、宽松灵活的创业政策、充沛的劳动力，吸引了一波接一波外出多年的打工能人返乡创业或投资建厂。尤其是那些建在乡镇里的环保节能型组装或加工厂，深受喜爱，从事现代种植业的农民既可以利用大量闲余时间进厂作业，又可以照顾一家老小。夫唱妇随、儿孙绕膝、安居乐业、享受天伦之乐，是他们对幸福质朴而永恒的追求。

老家的乡下与我国其他的乡下也有相似之处。在仅仅十年左右时间的社会主义新农村建设期间，在三十多年的经济发展之下，大量农耕生活中的人们“洗脚上田”，同步迈进工厂和城市。尽管他们或多或少地接受了教育，但一个不争的事实是，其中的许多人还不能算是文化人，也并不需要依赖于知识(读书)改变命运。出卖力气就能挣钱，抓住机会就能挣钱，甚至于拉关系搞人情的不义不法之事也能挣钱。在这样的背景下，讲排场搞攀比、买卖假货、聚众赌博等一切向钱看的陋习时有存在，有些人好吃懒做、因病因事故丧失劳力而致贫，并且导致贫富差距较大的情况也在所难免。要改变这些，乡村文化体系、社会保障体系的建设都还需要进行创新设计和推进实施。可喜的是,家乡的领导告诉我,“某幸福基业工程”已在如火如荼地建设当中,乡邻的文化生活会如同物质资产一样快速得到改善提升。

作为一个在乡下土生土长的农民出身的人,我曾经也有着对乡村的无限愁叹。在乡村生活的那些年,时常哀愁于何日能从青黄不接的生活中出头,初进城市生活之际,每每慨叹于一无所有和灯红酒绿下的生不逢时。乡下人,在那时几乎是感觉让自己永远也抬不起头的羞耻身份,做梦都希望能够积攒财富,换取城市的一席生存之地,哪怕通过自己的苦力血汗。与迈进城市或工厂的同龄人一样,在那些岁月里不想甚至恐惧回到那个冷风凄雨、月黑风高的乡下。而今天,乡下那熟悉而面貌一新的家院、村落、集市、公路,让我觉得美好,竟又产生了无法割舍的贪恋,也不免有了更多的憧憬。

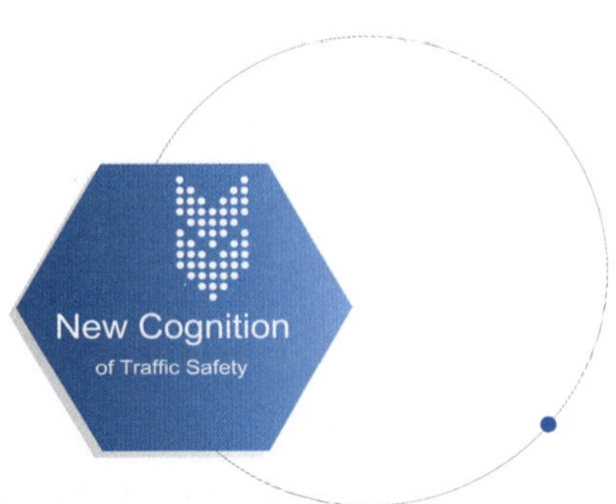

幸福该何处安放，城市还是乡镇？[1]

采菊东篱下，悠然见南山。古今中外，人们的幸福生活之梦往往被寄托于清新和美的田园之间。集市是乡镇经济的中心，是世代居住于田园村庄的人交易的场所，也是最基础的用地域经济组织构筑社会经济体系的发祥地。城市最早的雏形源自于乡镇集市，在汽车工业时代之前，每一个乡镇集市就是一张清明上河图。

新中国刚刚成立之时，城市的面孔满目疮痍、百废待兴，全国人民依靠来自于乡镇的手工业和农业解决吃饭和穿衣问题，乡镇生产力一度是城市生产生活的主要补给。

---

❶本文发表于 2015 年 10 月 22 日新华网思客。

20 世纪 80 年代,“工业学大庆、农业学大寨”的热情尚存余温,改革开放的春风就已经尽吹大江南北。两股暖流交汇,乡镇经济迎来了工业、商业、农业、文化经济并存的空前繁荣。供销社、农机站、粮站、卫生院、信用社、书店、中学、邮局、供电站、砖瓦厂、水泥厂、砂石厂、铁匠铺、油坊、裁缝店……林林总总的各类经济组织在每一个乡镇集市和谐共存,为城乡居民提供了必需的一切生产生活资料。尽管出力气流血汗的乡镇工农们并没有比城里人吃得饱、穿得暖,但乐得个热被窝热炕头和儿孙绕膝。那个年头,人们在承包土地上用人类最崇尚的勤劳和智慧去解决温饱问题,年景一年好过一年。

乡镇经济的昌盛一直持续到 20 世纪 90 年代中后期,伴随城市建设、工业开发区建设、市场经济建设的并驾齐驱,出远门打工、挣大钱,逐渐成了人们生产生活方式的主流,以乡镇集市为中心的经济组织陆续退出了人们的视线。受限于工业开发的缺失,受制于乡镇经济组织的败落,不管是城镇户口或农村户口的中西部青壮年,放弃自己的家园,离开老父母、丈夫或妻子、孩子,舍弃本应乐在其中的天伦之乐,背井离乡、成群结队涌向城市,走上永远也无法满足欲望的拼命挣钱之路。城市的街道上,“流浪的人在外想念您,亲爱的妈妈”的歌声,倾诉着外出打工的人们想回家却不能回家的无奈。夹杂着灯红酒绿,一个以乡镇经济组织为家庭幸福根基的时代被快速终结。

沿袭几千年农耕生活的人们一直期望,城市是生活的幸福天堂,梦想着成为一个城里人。政策的东风吹响了开发的号角,城市管理和建设者们迫不及待地发展城市建设,用尽方法促使城市疯狂而野蛮地生长,几乎没有边界、没有尺度。于是乎,刺激提前消费的手段让很多人忘乎所以地实现了梦寐以求的生活方式,不分阶层、不分地域的人们不约而同地挤进火柴盒般的高楼大厦,而后再拼了命地挣钱去维系全新的生活形态。百万级、千万级人口体量的城市完全可以用“雨后春笋”去形容其增长之势。即便如此,似乎再大的城市也安放不下挤破脑袋进城的人群,也难以安放数以百万计的代步车辆。在随时随处都有可能一夜暴富机会的环境下,人们变着法儿不择手段地攫取财富,善良与诚信的道德文化藩篱被贪婪与投机打破,于是乎色情女、毒食品、假品牌泛滥而一发不可收。城市建设和管理本就摸着石头过河,在欠缺科学长远的规划并快速增长之下,城市生活的节奏加快、压力加大、环境恶化，刚刚进入了幸福天堂的人们又开始变得没有安全感。

从乡镇经济转型到城市经济并取得成功，新型工业的产业化集群崛起是一个显著的标志。与其背道而驰的典型是，作为我国实业品牌摇篮的上海，却在这一轮经济的崛起中成了经济和文化的名利场，曾经家喻户晓的实业品牌几乎全军覆没。从当下诸多的产能过剩行业垂死挣扎的现状看，当年的乡镇经济体系时代的未完全开放型市场经济未必就一无是处，后来的城市经济体系时代的完全开放型市场经济未必就一劳永逸。无论是哪一种类型的经济发展模式，生产力水平的提升才是经济上升的核心。完全开放的市场经济大大释放了生产力，但是把市场经济与充分竞争之间画上“≤”号之时，带来的只能是市场泛滥过度而一发不可收拾。

2015 年 6 月 9 日，贵州省毕节市七星关区 4 名“留守”儿童服农药中毒死亡，轰动一时，震惊了人们。事实上，类似悲惨的事件一直都在发生，只是这一次更加令人难过。人们开始重新审视当下的社会，因失去管理而荒废的家园、因化工产业而污染的环境、因体弱乏力而留守的老小、因两地分居而情变的夫妻、因举债创业而跳楼的老板……苍穹之下大地之上，一幕幕艰难的场景被以碎片状传播。仍处于“三农”生活中的人们，最原始最传统的家园共守和邻里互助文化，也被现实的聚少离多调配得七零八落。人与人之间的亲情很多时候没有金钱高尚，人与人之间的安全感很多时候没有金钱厚重。

究竟，人们的幸福该何处安放，是城市的天堂，还是乡镇的乐土？

不可否认，任何一种新经济体的发展模式选择，初衷都是为了让人们过上更加幸福的生活。近三十年来，我国经济体量发生实质性增长和变化，人民生活得到实质性改善和提升，全世界有目共睹。取得这样的成绩和成就，快速城市化建设与合理的城市管理功不可没。全世界范围内，人类生活水平的提高也总是与城市的发展相依相伴。

城市与乡镇的区别，在于前者以人居和商业的规模集中程度极高为特点，后者以村庄式人居和集市型商业集散为特点。从我国实际乡镇和农村人口的总量看，农民始终占据着总人口数量的绝对高比值，这一群体生产生活所形成的乡

镇,从本源上讲就是一个与城市并行的经济体,也是值得被看重的庞大经济体。而我国在倡导发展城市经济体系的进程中,偏偏忽略了乡镇经济体系的建设,使得这一体系范围内的人们在生产生活方面得不到便利和舒适,甚至较20世纪80~90年代的情况都有所退化。最为显著的问题是,许多传统手工加工业没有得到延续和保留,工匠们流失,当今的国人转而欣赏和使用欧美国家的工匠所制造出的精美手工制品。倘若,曾经繁荣的乡镇经济组织得以完整保留并发展升级,乡镇会否成为一个比城市生活更加幸福的天堂,值得推敲。当前的新农村、新城镇建设,是多盖几幢楼房多修几个广场重要,还是建立一个完整的乡镇经济组织体系更重要,更加值得深思。但无论如何,城市不可能无限扩张,也不可能成为所有人的幸福天堂;乡镇也有着长期广阔发展的空间,也完全可以成为人们安居乐业的乐土。

发展经济是为了人们的幸福,而幸福必须建立于安全感之上。经济模式犹如动物的生养方式,圈养的动物在画定的牧场边界里生存,获得饱腹所需食物的同时也能够获得安全保障;散养的动物在无边界的山林里生息,只能是在险象环生的自然中强者生、弱者亡。经济模式提供给人们无止境无边界的贪婪欲望之时,注定存在着不可控的风险。无论哪一种经济体系,都应当从最大限度让人们获得安全稳定和丰衣足食的角度去设计,体现人的智慧文明与和谐文化,而不是放任无节制的残酷竞争、弱肉强食。

老子云:“治大国,若烹小鲜。”“民各甘其食,美其服,安其俗,乐其业,至老死不相往来。”引用古训,恰到好处地治理国家,让人民安居乐业,才是上上策。在贵州“留守”儿童服农药中毒死亡事件发生后不久,国务院办公厅印发国办发〔2015〕47号文件《关于支持农民工等人员返乡创业的意见》(以下简称《意见》),推动农民工返乡创业。依笔者的理解,该政策正是一剂对症下药的良方,倘若把政策内容真正落地、落到实处,无疑能够为乡镇经济注入新的活力,全面解决很多“家在,人不聚”的家庭成员聚少离多的问题,从根源上为老百姓提供一个安居乐业的乐土。笔者以为,在《意见》之外,还应当创新乡镇经济体系的用人体制,启用现代企业中德能勤绩兼备的经济型人才担当回乡创业者的顾问,因地制宜、因人适用、择业创新,开启一个全新的新城镇、新农村的经济组织体系新局面。针对中小规模的轻工型加工组装、手工业制作、农产品加工,给予一个免税的生产政策和贸易自由开放空间,以促进返乡创业企业的活力。在建立健全乡镇经济组织体系的同时,还应通过提高文化教育水平来提高乡镇居民的素养,通过完善配套硬件设施来改善乡镇居民的行为习惯。把集中建楼房建广场的财力,投入到经济组织、文化教育、环境设施建设,让乡镇居民自食其力、丰衣足食、合家团聚。

至于生活,不管是城市里的人们,还是乡镇间的人们,对幸福的期望,归根结底就是建立在安居乐业基础上的憧憬,是建立在可持续经济文化上的安全归宿感。城市与乡镇,当是皆可安放幸福的天堂或乐土。

那一程筚路蓝缕

第一章 起 步

从2001年11月12日创业，直到2009年，我经历了筚路蓝缕的一程。创业前的那些经历，就不在这里叙述了，那更加悲催。

一边拼尽全力，一边拼命折腾，拼拼凑凑，就拼凑出了今天赛康交安的模样儿。

当年为什么要创业？我大概归结出三个原因：

第一，依我当时的学历、阅历和履历，即使坐在写字楼里办公也只能拿着民工的工资，实在是望不见什么幸福与体面生活的影子。

第二，我是个有梦想的人，第一年当兵时候的日记里能够找到成为企业家的梦想，或者说那应该是日记本里收藏的一粒种子，只是后来才被发现。

第三，我有把东西卖出去的本领，而且做事有足够的自信，我认为我天生就是一块做销售的料，挣钱很快乐。

创业前的背景是，我通过自身努力从一个三轮车送货工晋升到在小陆家嘴的一幢金融大厦里做市场主管，在同一家公司仅仅用了三年时间。当时我申请上级主管和老板能给我的工资增加到相同岗位大学生们的水平，一方面那是养家糊口的需要；一方面我的销售业绩总是很好，劳动的价值理应得到真实体现；再一方面平衡我在与那些相同岗位、不同学历的同事们付出与回报相比时的心理。但现实往往不能朝着我期待的"公平待遇"目标去实现，有我没我，对一个有几百号员工的企业而言，或许无足轻重。

我通过拨打浦东大道的路边小广告，注册到了一张营业执照，这薄薄的一张纸片愣是在我的公文包里揣了整整一个月。最后的那一个月里，我努力地工作，努力地与主管领导展开沟通，努力地希望提高工资。直到一切努力都化为了泡影，物极必反，泡影化作了另一种动力——那张营业执照最终让我有了用武之地。

那一年，8848. net、sina. com 新浪网的巨幅广告牌已经树立在了延安高架的两侧。

那一年，上海的商品房新楼盘如雨后春笋，鲜艳的"零首付、低月供"横幅标语铺盖在大街边。

那一年，上海给人的感觉已经很大很大，停止办理蓝印户口的政策传言沸沸扬扬、呼之欲出。

那一年，"OEM"在贸易界非常流行，就是找一家工厂，在产品包装上打上自己公司的商标和名称，既提高可信度，又能够屏蔽生产厂家的供货信息。通过贴牌生产的捷径，快速把品牌做大做成功的故事被各类商业媒体广泛传播。

在那一年的大上海，我几乎没有嗅到任何快速发财的气息，唯一的感知就是注册一个公司如此容易，手提包里装着证照公章就可以四处谈生意，俗称"皮包公司"。

"皮包公司"在当时的社会上往往是骗子的象征，我需要规规矩矩地开公司搞经营，尽管所注册上海舜力工贸有限公司的注册资金 50 万元是由代办公司垫资。

租下20多平方米的办公用房、置办好电脑与办公桌椅等之后，家子底不足5万元。除了公司必需的流动资金，还要保障一家四口人在上海的衣食住行。

从事离职前的交通标志用反光膜业务，几乎是唯一的选择，实话讲，自己当时没有其他可以做的经营渠道。对于老东家公司而言，反光膜业务在他们的经营中是微不足道的一小块，还算不上抢饭碗。而我也尽可能开发新的客户，不去联系离职前的老客户，避免影响老东家的生意。

首先就是要想办法获得供应商支持，否则账上的那点钱根本无法周转。当时的反光膜市场价格很高，没有个百八十万元备货，那生意没法做。品牌也没有更多的选择，市场上流通的就只有美国品牌A1、日本品牌J1与J2、韩国品牌K1。国产品牌主要代表有BRD、TM、JX，但受限于技术不成熟，在那个时期还不能应用于道路交通工程。A1处于一枝独秀，J1、J2与K1产品则紧跟其后展开竞争。反光膜领域，先入为主的A1在全世界范围内都属于行业翘楚，其在中国市场的直营式营销体系和水平也是让竞争对手望洋兴叹。当时业内众所周知的是，A1的业务人员，出差只住当地最好的酒店，是政府相关业务主管领导的座上宾。基本上每一个道路交通工程项目的设计图纸或招标文件，都赫然地载明了应当采用哪个品牌的反光膜。工程商与制造商在反光膜的采购方面没得选择，唯一降成本的办法只有通过流通领域买到尽可能相对便宜一点的同品牌产品。这也是我的机会，只要我能够获得供应商给出的一个较低的价格，就能够赚取到利润。作为后来的竞争者，J1、J2与K1品牌欢迎我这样的销售商，在我主动诚恳地表达经营想法之后，就实实在在地给予了样品、账期的支持。而A1的货，只能在市场上倒腾，叫作“炒货”。

我买了很多个省市的电信大黄页（中国电信发行的一种通信号码簿），照着上面登记的准目标客户单位地址电话，邮寄产品宣传资料。对外所有的宣传广告都是做贸易销售交通标志用反光膜的，可是头一个月仅仅做成了一笔驴唇不对马嘴的服装用反光布生意，销售额是650元。资料继续寄，电话继续打，四下里去寻找准客户陌生拜访。时常，也在通过电话拨号实现连接的因特网（当时互联网的叫法)上的 BBS 里发一下推销的帖子,但极不方便,也几乎没有什么效果。

大量的价格信息发送到客户手上,便宜一点总是能让对方动心。而对我来说,买进卖出之间只要有差价就是净利润。第二个月,就隔三岔五的有客户给生意做了。我可以经常肩扛手搬,在站票的大巴车、火车上带着货,送货、收钱、拜访,一举多得,成本最低。

没有多久,河南客户循着资料信息打来电话,要采购一批 20 余万元的反光膜。对我来说,这是一笔没有办法做成的大生意。客户提了三个必须:必须是 A1 反光膜,必须到我公司见到存货才能支付银行汇票,必须价格从优。A1 的货,一没有进货渠道,二没有资金备货,最要命的是如果货备回来了,万一客户变卦了,那可是难以承受的风险!在大生意利益的诱惑下,我硬着头皮登门拜访了 A1 品牌企业在虹桥的中国总部。经过软磨硬泡,对方给出的办法是,介绍由他们上海的一个指定加工商(经授权用 A1 反光膜加工标志牌的工厂)供货。附带的好处是如果这样的大订单顺利做成了,后面可以直接由他们供货成为经销商。因为当时他们正在尝试建立新的销售模式,就是在既有的直销模式基础上融入经销,应对其他品牌的竞争。有了可能就做进一步的沟通争取,我又与那家加工厂厂长好说歹说,请求他允许在预付 50% 货款的情况下把一批货存放到我的办公室,压张空头支票(银行账户里没有支票填写的充足金额,一旦对方到银行进账则面临处罚)给他作为信誉保证,卖不掉就退货给他,卖得掉就通知他支票进账。事情发展得异常顺利,河南客户带着银行汇票上门提走了那批货,我随即把银行汇票加进账后支付了供应商的货款。

在买进卖出快节奏的"搬砖头"生活中,转瞬到了 2002 年春节,那一年回家过年的感觉真好。

第二章 上 路

全国各地公路与城市道路建设的速度在加快,新开设的交通标志加工厂一天比一天多。反光膜是交通标志的必需品,也是工艺技术复杂的一种材料。市场需求量大,供应信息闭塞,很多需求者依赖于在一年一次的行业展览会上获取新的采购渠道。我一边向全国范围海量发布销售信息，一边学习掌握不同反光膜产品的专业知识，在价格低、货源广、发货快的“核心竞争力”支撑下，赢得越来越多的客户信任。

受限于经营的本钱少、底子枯，又想着能够多备点存货、多做点生意，凑凑借借，把家里吃盐的钱都凑出来用于周转，是常有的事。第一张信用卡就是那个期间申办的，3000 元的授信额度能够缓解很多业务开支急用。

营业执照中用“工贸”两个字，在当时极为广泛，发展到最后也成了“皮包公司”的代表。意识到这一点以后，迅即注册了新的上海舜力反光材料有限公司，专业化经营的特征在公司名号中得以显现。

有了那一单空头支票最终兑现的成交之后，又与 A1 的授权加工商合作了几单，大抵都是类似做法，开一张支票过去提货，货卖掉再付钱。另外，在数次的诚信履约之后，日本品牌的总代理商也为我提供了更为充足的货源，可以得到三五十万元的备货和延期两三个月付款的授信。当然，授信的支撑是往来频繁的市场战略、销售计划、信用承诺方面的白纸黑字的传真报告。之所以有这样的授信，还有一个原因是日本品牌反光膜的销售也需要给客户授信，否则很难卖出。

商业机会在不断地垂青上海舜力反光材料有限公司。

数次主动沟通之后，A1 反光膜许可我们成为试点经销商。尽管并没有得到正式的书面授权，公司能够以较低的经销商价格直接采购，是真实的有利可图了。作为一个绝对强势、绝对高市场份额的品牌，拿到它的优惠价格就意味着挣钱的轻松机会来了，这个道理人人都懂。苛刻的条件是，不能欠账，每个订单必须满足规定的最低数量。对方市场主管了解到我的资金不足，特别协调财务部准许我带着转账支票提货，每天最多可以开着车子到他们的仓库里提三次货。这样一来，我可以充分利用支票付款的真空期（就是对方财务收到支票的第二天到银行进账、第四天才从我方银行账户扣款的周期）。只要这边提到货的当天凭发货货运单让客户打款，就能够保证账户资金的充足。万一遇到不顺当的时候，就只有想办法东挪西凑。

就在那个期间，前脚从 A1 仓库里提到货，后脚就有车辆在仓库外的路边等着从我手上交钱买货,或者就立即送到货运公司填开发货单。但大多是些几万元的小交易,刚创业的公司很难接到大的道路建设项目需求订单,因为既没有人脉也没有实力。

每每为缺钱的事情愁断肠,也就期盼着哪一天能够过上再也不缺钱的日子。

每每为生意的事情厚脸皮,也就期盼着哪一天能够过上再也不求人的日子。

随着公司名气越做越大,国产品牌反光膜的工厂老板也都找上门,希望能够开展业务合作,说白了就是用我的销售能力帮助他们打开市场。当时的情况是,中国工厂的产品合格率极低,应用于道路交通工程的级别产品不被市场所接受,仅可用于户外广告、其他零星应用的低端市场。但是看得见的巨大需求和利润空间,促使中国工厂日新月异地搞研发,仅有的国产 BRD、TM、JX 三家工厂陆续有高端产品发布上市。尤其是 BRD 工厂,是一家国企,采用从日本进口关键性半成品材料回来合成的方法,产品性能上符合国家标准并且基本稳定。

我国本土的反光膜工厂,那个时期还不知道如何运作品牌,也不具备通过品牌运作与国际大牌相抗衡的条件。在我阅读了一些关于营销、关于品牌的书籍之后,敏锐地认识到我国道路建设的大干快上将催生对反光膜的巨大需求,这是一个巨大的市场,做好国产品牌恰逢其时。

国产的 BRD 工厂最先给出了条件优厚的合作方式。一是给予较为宽松的结算周期向仓库和市场铺货;二是产品全部贴上海舜力反光材料有限公司的牌子;三是无条件退换货。说白了只要能卖掉货,其他都好商量。

忽然之间,公司在反光膜行业就有了存在感,我也开始经常往来于外企的高级主管、国企的老总、私企的大老板之间。

创立公司不足七个月,也就是 2002 年的上半年内,我做了几件大事:在浦东金桥的金台大厦租赁了相对宽敞且较为高档的办公室;在《申江导报》的显眼位置发布了较大版面的招聘信息;购置了乘坐和货运两不误的长安面包车;分别开设了郑州和济南办事处。迅速间,公司发展到十多个人的规模。

生意是有,但是摆脱不了薄利的事实。微薄的本钱和不多的利润,维持规模扩张后的经营仍然是捉襟见肘。好在可以占用供应商资金，只要货卖得掉、变现得快，延迟支付供应商货款，公司生存就没有问题。

2002 年既是创业的第二年也是第一个财务年，步子迈得紧张而又匆匆，有几件事留下深深的印记：

呼和浩特的客户在五一期间急要三卷反光膜，时值旅游黄金周放假期间，各种货运方式都无济于事。客户方是内蒙古自治区交通厅的下属企业，具有极高的区域影响力，能够与对方见面交流一次，无疑比起按时交货更加重要。急客户所急，也是急自己迫切需要大客户所急。我买了绿皮火车的站票，肩上扛一卷、手上拖两卷，近二百斤的货物用尽全力挪移着放到火车座位的下方。困得没有办法的时候，我也躺在座位的下边、货物的旁边打打盹。经历二十多个小时的闷热与汗臭、紧张与不安，当再次把货物挪移下火车，坐上接我的老总轿车时，肩膀和手掌是深深的印痕。欢颜替代了痛楚，客户老总热情接待了我，彼此成为要好的朋友。

济南办事处客户方的集团公司老总，身家千万的夫妻俩要从上海浦东机场出国，接受了业务员的热心邀请，由我接站再送到机场。我开着新买没有几天的长安面包车，全程小心翼翼地完成接待。只是整个坐车的过程，夫妻俩紧紧抓住车辆侧边的抓手不敢松开。开到内环高架转弯处，夫妻俩更是显现出明显紧张不安的脸色。下车时，连连声称浑身虚汗，我只能忙不迭地表达歉意。出力不讨好，只有认了，反思以后该怎么办。

2002 年 6 月 23 日出了一起令我多年后仍然心悸的交通事故。我驾驶长安面包车，妻子抱着 3 岁的女儿在副驾驶位置，由西向东自张杨路行驶。穿过巨野路交叉口时，一辆闯红灯的出租车在路口中间对准面包车的腰部撞个正着。我的面包车瞬间飞起旋转，平静下来的时候已经是在距离撞击地点前方的二十米开外，四轮朝天，车头朝着原来行进的反方向。一家三口从车里颤巍巍地爬出来，只有妻子的肩部被玻璃割伤，车辆近乎报废。如果，如果没有系安全带……不可想象！

一个销售人员，带的 9000 元的货款在北京展览会上被窃，离职的时候打了一张欠条，再无下文。

招揽到公司工作的员工，绝大部分坐公交车出门都要预支交通费。

在其他工厂打工的亲友被辞退并克扣工资，我掏出自己的名片质问工厂厂长同为一个老板应当承担的责任，讨回了工钱。

回乡过年之前接到厦门客户电话，通知我大年初三到浦东机场接机，他们回国要在上海玩几天，我推辞赶不上接待。后来我再去厦门，再也无法挽回合作关系。

第一个完整的财务年度粗算，销售额 860 万元，净利润约 20 万元。

彼时，A1 已经终止供货合作。因为我无法满足对方的正式经销商政策——需要约 200 万元一次性备货的签约条件。

市场的局面已经完全打开，唯独家门口的上海市场寸步难行。承接政府项目的工程商和加工厂，听说是卖反光膜的，拒见。

想要安个家，公司所在地金桥路的附近房价已经超过 6000 元每平方米单价，无力承受。即便能够承受，买房子也不再办理蓝印户口的政策已经很明确。凭着当时的眼界，实在无法认知到未来的上海会是个什么样子。显而易见的是，上海不是长久立足之地。

第三章　安　　家

退伍之后在上海生活的五年多里，最喜欢听和唱的是那首《流浪歌》，漂泊在外没有一个家也没有根的感觉与歌曲对照很真实。

虽然在上海有了公司，但是企业经营管理类的书籍告诉我，那种通过中介代办、不规范出资的公司是永远无法做大的。甚至于经营时间过长会产生洗不清的原罪，有着极大的风险。最好的办法是，一个公司经营三两年就注销掉。也因此，我国的企业一度平均寿命只有 2 ~3 年，短命。

想安个家，想让母亲跟着我享福，想让女儿能够在城市上学，连同妻子腹中的另一个孩子，想让一家五口人不再蜗居和频繁地搬家。

想有个根，想有一个真金白银注册起来、能够稳扎稳打一百年经营下去的企业，还能够让更多的亲戚朋友有个安身的工作之所，不再贫穷。

距离老家仅百余里地的南京，成为安家扎根的首选。

对南京这座城市,深厚的文化底蕴决定了人性的包容,是我约莫十四五岁的时候就感触到的。有一年的夏天,我跟着父亲把自家承包地收获的西瓜运输到南京市后宰门的街头售卖。挑选西瓜、过秤、算账、收钱,我一点也不含糊。时而会有住在附近的大学教授,夸奖我的机灵之余似乎故意让我把西瓜送到家里,再从家里拿上些食品给我。就在那些卖西瓜的日子里,我感觉南京真好,南京人真好!

一旦决定了就立即付诸行动,2003 年春节刚过,我便启程去了南京。

虽然离老家很近,也曾经在这座城市的街头沿街叫卖过水果,但是要在一个举目无亲的城市扎根创业,绝非易事。最初的打算,就是要在南京开展产品种类丰富的经营,这样可以有更多的机会与当地客户做成交易。除反光膜之外,把广角镜、交通锥、减速带、道钉、轮廓标等常用的交通安全设施组织起来,找一个醒目位置的门面房,展示和办公一体化。门面展示的方式可以让很多潜在关注和需求者主动上门,对于当时很冷门的一个行业,不创新方法很难经营。

根据经验和分析,门面的位置最好选在公安交警机关的附近,要么就在较大的交叉路口,不能吸引到需求者的注意力,门面租金就是浪费。

想法很好,做成很难。以白下路的南京交警大楼为核心,十多天下来在其周边 3 公里范围没有找到适合的门面房。权宜之际,公司先注册起来。

白下路南京交警大楼对面,我在仅有四层的桃源大厦里,租赁了一间约 20 平方米的办公间作为办公注册地。同时安排销售人员常驻办公,陌生拜访客户,开拓市场。

去位于解放路的南京市工商行政管理局办理注册,实在搞不明白复杂的注册流程,不得已走进了边上的工商注册代办中介。

中介办事就是利索,他们与注册大厅的人都很熟悉。一个上午,把我冥思苦想的朗朗上口的好名称检索一通,一个也没有通过。下午再去,想好的几个简洁易记有内涵的名称又被否掉。苦无良策之际,玻璃柜台后面的工作人员轻声地向中介和我递话:这里有一个很好的公司名称“赛康”你们看看是否可以。这是上午一个人过来申请核准的,如果觉得可以就给你们用,我就告诉那个人无法通过就好了。

“赛康”？笔画是不是过多了一些啊，好记吗，我呢喃着犹豫不决。

刘老板，这是个好名称，与小康社会赛跑，不正当时吗。赶紧用吧，错过这个机会就没有了。中介在一旁撮合。

竞赛，赛跑，健康，小康社会，一连串的好的联想在我的脑海出现。那好吧，就用这个名称注册吧，我给出了决定。

记得在审核经营范围时，工作人员搞不明白是做什么的。我解释是交警经常用到的设施。他饶有兴趣地问我这种产品是不是没有关系做不成，是不是找的几个退休老交警吃关系饭。我也就顺着他的话不着边际地应声回答这生意全靠关系，没有关系做不成的。闲扯了一会，大概他觉得他一语道破天机，很开心的样子。以至于多年后的某一天，我在解放路的手佳推拿与盲人医生闲聊到我是做交通标志与信号灯等设施的，旁边推拿床上突然传过来一句亲切的问话：你就是找几个退休交警挣公家钱的小刘吧，还记得我是当年在工商局给你办营业执照的老朱吗！

就这样，我于2003年3月5日正式领到了南京赛康交通实业有限公司的营业执照，注册资金50万元。这回，心里很踏实，没有半点虚假成分，只要中规中矩地去经营，就能长远。为了方便南京与上海两地的往返，南京公司成立的同时，三成首付、七成贷款买了辆红旗明仕版轿车。

半年后，在南京的龙蟠中路与长乐路交叉口租赁到了称心满意的门面，上下两层280平方米，投入了几十万元装修置备。同时，一家五口人也安家南京，结束了漂泊的生活，上海的公司随之注销。

后来第一次注册商标的时候，“赛康”没有被通过，取了“舜康”商标。再后来，用“赛康VR”重新注册了商标以尽可能达成公司名号与商标的一致。直到最终使用了“赛康交安”作为注册商标，实现名号、商标、行业特性的统一。这其中也少不了一番又一番的变更与折腾。

刚过完年，生意还没有多少起色。上海、南京、郑州、济南四个城市同步办公经营，加上车辆、人员固定费用，上一年约二十万元的净利润很快就变成了投资性支出。照着我的方法经销进口反光膜的同行已经多起来，利润空间越来越薄，严峻的形势逼着我转型。

到南京后还处理了一件家务事值得一记。5 年前已经去世的父亲于 18 年前欠下了一笔农村信用社债务，现任的信用社信贷员找到了公司门上，拿出了借款白条和银行计息凭证。父债子还，三万元左右吧。

第四章 破 局

随着南京公司的注册成立，加上在反光膜领域的销售口碑，位于常州的国产 TM 反光膜工厂也主动发出合作邀请。接触下来，对方老板与销售总监为人都很厚道，贴牌、铺货、给账期，双方很快达成了授权委托生产形式的合作协议。

合肥工厂的产品适用于高等级道路和高速公路，常州工厂的产品适用于城市道路和一般公路，整合出“舜康”商标的全系列自主品牌反光膜。

一边是大好机遇，一边是极端困难。当时的情况是，国产厂家就是把反光膜白送给客户，也几乎无法应用于交通标志工程。销售工作步履维艰，否则贴牌、铺货、给账期的好事也降临不到我的头上。与之对比鲜明的是，进口品牌在销售上就牛气冲天，经销商凡事都得遵从人家的管理政策。

伴随互联网网速的提升，有关中国企业应当建立自主品牌的讨论热火朝天。一没本钱，二没关系，靠倒买倒卖赚差价，只能小本营生。如果能够成就一家知名品牌企业，无疑是百年大计。读书、推断、思考，感觉上一万种理由都应当努力地把“舜康”品牌产品卖出去，学习国际企业用贴牌的方式做大做强。不仅限于反光膜，要组合更多的产品线，包装成“舜康”品牌。

决定了做品牌，第一件事就是琢磨市场传播怎么做，传播就要花钱。

决定做品牌这件事，或许是错误的，没有先进的技术、成熟的产品、雄厚的资本、足够的耐力，玩不转。有人说品牌是企业的情人，要用金钱供着才能保持美丽。也有人说品牌是企业的灵魂，没有品牌的企业活不长久。

2003 年 6 月的郑州，我带着业务人员满大街找门面，最终在紫荆山立交桥南口租下了一个 60 平方米的两开间。公家的房子，价格好商量。租下后，用两间的租金又向外出租了一间，自己用一间，转手当了二房东。连续 3 年，郑州办事处无偿使用了一间门面。舜康交通安全产品经营部，在河南省内一度很知名。

开店的同时，我与郑州办事处人员策划召开了一次产品发布会。就是把河南省内有反光膜需求的工程商、加工厂都组织到一起，详细介绍舜康品牌反光膜。主要考虑当时河南客户对反光膜的价格比较敏感，普遍乐于接受更低价格的产品应用于交通标志加工，而且这些客户都是各个地方政府项目采购的"关系户"，通过他们影响政府项目的采购决策，比起我们去逐一公关要相对容易得多，况且我们连找关系的门路都没有。时间就定在了次月，地点就定在了当时郑州市最高档的酒店——金桥宾馆。

经过一个月的紧张准备，郑州办事处负责上门逐个邀请客户，我这边邀请了合作的常州工厂老板当专家，《中国交通报》的记者做宣传。会前的所有担心和焦虑，在邀请的全部二十多家客户悉数到场之后才消除。舜康品牌反光膜产品发布会，整个下午几十人兴致高昂地交流讨论，一致达成了要应用推广国产品牌的结论。对于个别进口品牌垄断市场赚取暴利的现实，很多客户自发地叫苦不迭、义愤填膺。在全省最高档的酒店，全程高规格接待，也正面树立了企业品牌形象。

会议实现了非常好的效果。常州工厂首批下线的工程级产品，70%贴牌给赛康公司销售到河南省内。当年公司与该省全部客户有合作成交。

《中国交通报》对会议进行了新闻报道，属于国产品牌反光膜首开先河的全国性正面宣传。这件事也引起了报社记者的极大兴趣，表示可以由报社出面邀请政府交通主管部门，在其他省份继续组织活动。

趁热打铁，2004年3月，在济南市最高档的酒店——山东大厦，舜康品牌反光交通安全产品山东发布会成功召开。山东省、济南市、青岛市的交通主管部门相关领导出席了会议，省内几十家相关企业参加。《中国交通报》《公路运输》杂志分别对会议进行了系列报道，主题分别有《中国反光材料产业已发展成熟》《国内反光膜市场概况》《通过他人的光亮，体现自我的价值》《分析形势找差距，推进"反光材料中国造"》《舜康反光膜为我赢得市场空间》，从不同群体的不同角度报道了这一国内反光材料领域内发生的"大事"！

两场发布会之后，舜康品牌反光膜的品质及服务可信度大大提高。被内蒙古的包(头)—东(胜)高速、陕西的靖(边)—王(圈梁)高速、新疆的吐(鲁番)—小(草湖)高速、成都市区、银川市区、郑州市区、南京市区等一批有代表性的道路交通标志工程所采用。由于贴牌批量生产,在品质方面严格把关,杜绝差次品装进舜康品牌包装和流入市场,每项工程都收获了用户质量好评报告。

在山东发布会的同时,公司启动了首期《赛康企业采风》内刊,之后每季度一期刊印 3000 份向客户邮寄。内刊几乎依靠我一个人撰稿坚持完成了 15 期,维持到 2008 年停刊。第一期内刊上,我写的是《基于安全,赛康愿做引路人——论中国反光材料产业化趋势的必然性》,全文如下:

反光交通安全产品中最先引入者是反光膜材料,因为反光膜利用了玻璃微珠的光源逆反射原理,成为交通安全设施的主体材料。早在 20 世纪 80 年代初,我国提出改革开放、发展经济的宏伟计划,"要想富,先修路"的思想也在人们原有的保守意识中发扬开来,并形成实际行动。但那个时期,因为整体国民经济环境落后,交通安全意识淡薄,交通建设也只是停留在路基工程上。随着经济发展,机动车辆增多,《道路交通安全管理条例》也紧跟实施。1984 年前后,交通标志作为一种指路标识开始被应用,起初是油漆、陶瓷、铁皮等简易制品,几乎起不到安全警示作用。也是这一时期,美国 A1 公司凭借其发达国家企业的资金、技术实力,向我国引进了反光膜产品,用来制作加工交通标志牌,其光源条件下远距离定向回归逆反射作用起到了警示指示、安全保障的交通安全目的。

当时,反光膜材料作为发达国家的一种交通安全产品,有着其卓越的品质性能:反光、容易使用、七年以上的耐候性、生产技术工艺机密。但该产品在像我国这样的发展中国家(尤其是初级阶段),却有着致命性的扩张障碍:公路条件恶劣、交通安全意识淡薄、高等级道路极少造成了几乎没有产品需求量。要想反光膜产品进入中国市场,首要条件是必须引导政府及民众的交通安全意识,甚至于要教会别人如何使用加工反光标志牌。所以,美国 A1 公司起初在我国进行了大量的技术性培训及宣传推广。我们知道,发达国家生产的产品其成本也是高昂的,再加之关税、技术、推广的费用,到了中国的产品成本必然攀升,而且当时国内市场的需求量较小也使其他商业成本增加。发达国家高成本的产品到了当时的中国，如果是民用产品几乎无法销售。但反光膜不同，当时我国没用人掌握生产技术，也不具备规模化生产的条件，可是交通安全是必然性需求。且当时我国处于计划经济时期，政府行为对一个行业或产品起着主导作用。国外公司把握了这样一个销售突破口（作为一个商业性质的公司，也必须销售产品产生利润），大做政府部门的文章，诸如协调政府部门制定反光膜行业标准、展开交通安全行政会议。当然，商业产品需要产生利润维持它的市场生存。以至于反光膜在早期卖到了工程级 140 多元每平方米，高强级 400 多元每平方米，最普通的经济级也卖到了 100 元每平方米左右的价格。算一下，制作一块反光标志牌，当时工程造价要上千上万元，够一个工人挣一年甚至多年的工资。用不起，也是理所当然。在这一点上，我个人以为高质高价的反光膜产品也制约了我国交通安全的普及发展，直到今天。

生产不出，用不起；有需求，也得用；品质优良，价格高昂，技术独家；在这样的条件下，国外单一品牌反光膜产品垄断我国市场长达十多年之久！直到 1994—1996 年，日本品牌公司在杭州建厂并品质稳定进入市场后，与原有单一品牌形成正面竞争才打破了独家垄断的市场格局。随后加拿大、日本、韩国、美国等其他跨国公司将反光膜产品推向我国市场后，形成了几分市场的竞争格局。但原单一品牌产品依据其先入为主、政府指定、品质依赖的优势地位，仍稳守最大市场份额。尽管早在 1996 年我国的反光膜研制生产就已经开始，但面对国外品牌的资金、技术、销售通路的强大实力，可以说无以抗衡。2000 年以前长达近二十年之久，我国反光膜市场，几乎被外国品牌相互竞争垄断着。

通常情况下，某种产品进入其特定的市场领域，应该是根据市场综合需求来定位产品的使用价值及品质成本。例如电视在一开始引导消费时，只能是以较为普通且售价低廉的产品让市场接受，即使在最初就具备了彩色电视机的生产技术，但彩电的生产成本直接导致价格高昂，不适应市场需求能力。也就是说，产品总是需要一个品质提高的周期，市场也需要一个逐渐增长的周期。然而从前面的分析我们看到，反光膜作为一种特定的产品却反市场规律而生存。早在 1995 年，我国交通部就出台了《公路交通标志板技术条件》（JT/T 279—

1995)的行业标准。该标准对反光膜的各项技术指标要求都达到了发达国家的行业标准。事实上,在当时也无非就是参照了美国企业产品的企业标准。例如标准中的二级反光膜就是企业的一个特定产品,只要公路设计使用了二级反光膜,就给了某企业独家供给的机会,强行垄断市场。所以在现行新国标《公路交通标志反光膜》(GB/T 18833—2002)中取消了这一特定产品的级别标准。

在1995年交通部反光膜标准出台时,我国的城市、公路建设还处于一个初级建设发展阶段。诸多城市的道路、公路主干道的改造设计受经济条件制约而不能长远。即使新建的道路,多则三五年,少则一两年就进入了再次改造阶段。对于扩建,在这些道路上的交通安全设施,像反光标志牌的使用价值均在七年以上,频繁的更换使得产品的价值使用率极低,无形中造成了大量的品质资源浪费,直接导致经济损失。例如沪宁高速,1996年底通车,到2003年时只有六七年的使用寿命,却因机动车车流量加大及路面损坏不得不扩张改造。其中也涉及交通标志牌的整体更换,十年以上使用价值的反光标志牌整体更换,即只有60%的使用率。又如许多中、大型城市的道路,也由于最初的设计不合理,车辆增多造成交通严重堵塞,普遍在1~3年就要拓宽或改建。而安装的反光标志牌价值使用率只有30%~50%。此类情况在我国大量存在,不胜枚举。据悉,公安部将在近年统一更换九二式机动车牌照,又不知道要造成多少的无形损失。试想,如果不是产品标准的强硬性或者采购的唯一性,我们完全可以在产品的品质性能上有所适用地加以选择,节约资金完成更多的交通安全设施安装。

分析的结论已经很明确:反光交通安全产品必须在适合的条件下选择不同品质性能的产品,从而降低成本,最大量化地设置交通安全设施以保障生命安全。否则,是严重的供需矛盾、发展制约。然而,老百姓却不能看到这一点,尤其是在广阔的农村,他们因为上述的矛盾得不到根本解决而得不到应有的交通安全保障。从这一点上看,反光交通安全产品的多元化、专业化的格局形成有着重大意义。

从反光材料的技术性能角度来讲,其产品的主功能作用是反光醒目(即逆反射系数值高)而达到指示、警示的安全目的。其他诸如色度性能、耐高低温性能、耐候性能等都可以认为是逆反射性能的辅助项目。因此,从安全系数说,产品品质的首要条件也是反光强度。反光强度究竟要达到多少才能说是够标准呢?这方面在行业标准中已经有明确规定。但在实际的应用中,因为交通标志单独设立的区别性,通常是周围没有其他亮度参照物。车辆在夜间行驶对交通标志的反光能见度具备唯一性,所以我认为达到良好的视认度就是最适合的反光亮度。标准定高了不是坏事,也未必就不存在浪费。比如钻石级与高强级反光膜相比,在所有的技术性能指标中,只有逆反射系数存在一定的差异。在没有其他对比光源体的城市外公路上,高强级反光膜的反光亮度已经具备良好的视读性,而两者的市场价格相差一倍。据了解,这两种产品的成本相差并不大,只是因为技术的单一性造成市场竞争圈缩小。商家考虑到最大化利润,当然,要下功夫炒作销售没有竞争、利润高的产品。所以,我们"舜康"品牌反光材料产品作为行业的后来者,充分认识到不同交通环境对不同品质、成本的需要,从材料工艺上打破行业标准规范,细分产品级别,期望自己的产品能得到最大价值利用率,体现产品的增值功能。

值得一提的是,国内反光材料工厂经过近十年的技术探索革新,目前已经完全掌握了反光膜的生产工艺,并开始形成规模化生产。像广州、常州、合肥的工厂产品有一半以上出口到世界各地被广泛使用。尽管国产反光膜在前几年有过艰难的历程,因为标准高、投资大、国内需求量小形成发展瓶颈。也不否认的是一些厂家为了维持生存将良莠不齐的产品推向市场,给国产反光膜的总体形象造成极坏影响。正是有了这么多的分析与经验教训,我们也深知交通安全的责任重大,深知品质信誉的市场口碑,深知特定行业的竞争难度性。"舜康"品牌产品在推向市场之初就严守品质关,以成熟的产品推向专业的市场。2003 年,首战河南市场便得以告捷,在河南省内有 80% 以上的客户使用舜康产品。

值得欣慰的是,近年国家政策支持市场经济健康有序地发展,对不正当竞争行为从法律法规上进行了制止。像《中华人民共和国招标投标法》的出台,很大作用上给企业的产品提供了一个公平公正的竞争平台。用优质、高标准、高性价比的产品服务于市场，这是一种企业市场行为。用强制执行标准、强硬指定产品、将不顾价值取向的垄断产品强加于市场，这是一种资本垄断行为。我们坚信企业市场行为的根基是坚不可摧的，而政府行为或资本垄断行为必将被企业市场行为所引导，走向良性发展轨道。反光交通安全产品是涉及生命安全的公益性事业，普及于民众、保障于民生是交通人的深重责任。反光材料国产化也正适应了这一迫切的市场需求。舜康品牌事业的团队也必定要抓住时机，勇于开拓，成为行业的引路人。

尽管从各方面看，我国反光交通安全产品的产业规模化正处于良好的机会发展期。但不容忽视的是，反光材料毕竟是一种集光学、高分子化工、微米级物理工艺等技术于一身的密集型高科技产物。我国自己的反光材料技术研究也只是近两三年才进入一个深度研发期。受国外成熟品质产品的影响，不允许市场试用期的存在。也因为交通安全的工程严谨性，劣质产品很难被工程需求者所接受。在我国自己的反光膜产品进入市场的初期，出现了品质性能不稳定等现象。某些生产厂家迫于生产与发展的双重压力，不得不想方设法将品质良莠不齐的产品强行推向市场，给国产反光膜的总体市场形象带来了极坏的影响并直接导致市场信誉危机！加上反光膜一直以直接式营销模式为主的市场行为阻碍了其市场通路发展。在这种情况下，反光膜产品仍然是在以民营企业自发投资研制为主导的状态下寻求出路。资本工厂行为的利益最大化驱使成本透明、无序竞争加剧。在反光交通安全产品行业尤其是反光膜产品领域，我国工厂无论从资金、技术、政府支持度等方面，原本都无法与已经是跨国资本运作的国外工厂相比拟。到了今天，国内工厂的产品可以被各类交通建设工程接受并广泛使用，而且有些厂家的产品都可以严格通过国家权威检测中心的检测。事实证明，反光材料由我国自主生产的本质技术核心已发生质变，资金、市场、政府支持也必将随之整体跟进。

特定的时机、条件、环境下，我们赛康公司意识到要迫切地做好两件事：一是提升国产反光交通安全产品（反光膜）的品牌文化；二是引导我国反光交通安全产品产业化之路的延伸（您的牌子，我的路）。这样，诞生了“舜康”品牌。凭借当前国内反光材料工厂的技术、产能、研发速度，我们诉求品质管理；凭借我国交通建设飞速发展带来的大量需求，我们诉求市场服务；凭借产品市场的成熟而面临的理性需求，我们诉求成本控制；凭借交通安全工程所涉及的生命严谨性，我们诉求专业敬业。也只有如此，我国反光交通安全产品才能得以生存的基础；舜康品牌反光交通安全产品才能得以市场的信赖；我国反光交通安全产品行业才能得以产业化发展。我们坚信，资金、规模、技术只是实力的体现，而做好品牌建设，品质、市场、专业才是事业的起点！

第五章 开 悟

生意人光有一股冲劲远远不行，还需要度量自己的实力。在反光膜业务上，我就属于典型的自不量力。

前面我拼命地冲、冲、冲，打破进口品牌的垄断，为国产反光膜在交通工程的应用打开市场局面，让更多用户和项目逐渐接受。后面，各生产工厂招兵买马组建庞大的销售队伍，与我们展开短兵相接的正面竞争。

没有自己的工厂，客户提出的实地考察只能往合作工厂带，而稍微大一点的工程项目或新客户，都对考察工厂乐此不疲。

没有价格竞争力，品牌传播投入费用较多，日常经营运转都需要利润支撑。常常因为生产工厂报出比我们采购成本还低的价格而失去订单。

还有更加可笑的情况，客户打开舜康反光膜的包装，出现的是带有生产工厂标签与合格证的产品，哭笑不得，只得承认舜康是在哪家哪家贴牌而已。

量虽大，利却薄，还要不惜成本做宣传、跑关系，否则更加没有销量。销量一旦下降就会恶性循环，因为公司规模实质上是用供应商货款周期融资的方式做起来的。

困难的时候，往往屋漏偏逢连夜雨。2004 年 4 月的一天，我开车领着家人去中山陵游玩。我驾车从一辆停靠站的公交车左边行驶的时候，一个小学生，戴着耳机听着音乐从公交车头部跑步穿越道路。已经没有时间反应，小学生重重地撞到了车头左前侧 5 米开外，后脑勺着地，浑身抽搐着。我把他迅速地抱上车，急速向军区总医院驶去。万幸，受伤的小学生在昏迷到第四个下午的时候醒来了，并且基本痊愈。这是我经历的第二次不幸中万幸的交通事故，心有余悸。

只能想办法在行业内转型找商机,找能够做大销量、做多利润的商机。

2004 年 5 月 1 日,《中华人民共和国道路交通安全法》颁布实施,研究一番之后,感觉到各类道路交通安全产品的市场需求会持续增长,是一个非常好的时机。于是率先在南京的门面引进了各种各样的产品,借着隔壁一个门面出租的机会,一度把公司的营业办公面积扩大到 460 平方米。产品系列扩充到反光膜类、车辆安全标识类、公路安保设施类、停车场安全设施类、民用安全产品类,同时开始对外承接停车场设施安装施工。

2004 和 2005 的那两年里,很多事情交织在一起,基本维持住经营局面而已。下面是那个期间写的两篇文章。

赛康的目标:普及交通安全产品,公益于民众

——写在《道路交通安全法》施行之际

金色五月,《中华人民共和国道路交通安全法》正式颁布实施。无论政府、百姓,都对交通安全法的施行给予了极大的关注、支持。本法对于维护道路交通秩序,预防和减少交通事故,保障权利人财产及人身安全和其他合法权益起到极其重要的作用。

据最新资料统计,我国已成为世界第四大汽车生产国和第三大汽车消费国,高速公路里程已达三万公里而跃居世界第二位。然而,超速的交通建设也带来了触目惊心的又一最新统计:交通事故死亡人数连续十年居世界第一!是什么原因造成如此大的不对称发展呢?可以概括为两个方面:一是公民的交通安全意识薄弱,二是道路交通安全环境不佳。要彻底改善这两个方面,政府的立法、社会的宣传、企业的支持必不可少。作为交通安全领域的一家企业,赛康人应该有意识去承担力所能及的社会责任,努力做好交通安全产品的市场流通和无限大的普及应用,从而改善交通安全的硬件环境,广益于民众。

交通安全,不能只看到违章驾驶、车辆性能、管理体制所带来的表面问题,交通安全设施的配套设置也同样是一个硬件的环境秩序问题。所以,新的道路交通安全法中,对行驶车辆的警示标志、反光装置及第三章中对道路通行条件必需的信号、标志等警示设施设置均予以严格规定,这将大大改善交通安全的环境秩序。

事实上,加强交通安全设施的配套设置已经是非常迫切的重大普及工程。我国的公路建设虽说近十年来有了根本性的发展,但二级以上的等级公路仅占全国公路里程的13.5%左右,如果说这些主要干线尤其是高速公路上的交通安全设施还较为齐全的话,其余低等级公路和等外公路交通安全设施的配置情况就不尽人意了,大量的低等级公路上甚至连基本的交通标志和标线都没有。行车难、识路难、安全状况差是我国普通公路的一个缩影。交通安全设施的配置无论是量或质上与实际需求或与工业发达国家相比都有较大的差距。因而针对具体的道路情况,从安全第一和预防为主的观点出发,加强道路交通安全设施的配套设置,提高交通安全设施的技术水平和设置水准,是积极改善道路交通安全状况的主要手段之一,这已是我国公路界的普遍共识。为此,交通部从2004年开始在全国国省干线公路上实施以"消除隐患、珍视生命"为主题的"公路安全保障工程"。对国省干线公路中的急弯、陡坡、视距不良、路侧险要路段进行改造,通过增设钢或混凝土防撞护栏、增设标志牌、设置公路线形诱导标志等安全防护设施,提高公路行车的安全性。计划用三年时间,完成全国国省干线公路上17万处5万公里的行车危险路段的改造工程,总投资将超过四亿元人民币。其中210国道全线已经作为试点工程进行改造。

为提高城市交通管理水平,建设部、公安部也早已于2000年印发并实施了《城市道路交通管理"畅通工程"总体方案》,一直实施至今。方案中明确指出:各城市应将城市道路、公共交通、停车场(库)、交通指挥中心和交通信号、标志、标线等基础设施建设纳入城市发展总体规划和国民经济、社会发展计划以及党委、政府的重要议事日程,将交通秩序纳入城市精神文明建设的统一规划,常抓不懈。对此在信号灯、标志、标线设置、隔离设置、停车设置、公交设施、市政设施的规范方面也特别予以明确要求。

应当说,交通安全产品作为交通环境的一项必不可少的硬件设施,得到了政府部门的高度重视。同时,民生安全的迫切需要、交通环境的改造大势、国民经济的持续增长也给交通安全产品行业带来了前所未有外部优势环境。处于交通安全产品行业领域的企业,包括我们赛康公司,有足够的发展空间无限做大、做强。通过企业和自身市场运作，结合政府、行业的良好环境，让交通安全产品真正地走向需要之处，从而最大化普及，意义重大。

根据赛康近年来的从业经验，我们同样意识到目标的实现需要一个较长的过程。毕竟，相对于发达国家而言，我国的交通安全行业还只是处于一个起步阶段。我们应该结合自己的经营特色，做好以下方面工作：

一、强化产品的质量，用“名牌”战略制定高品质标准。交通安全设施工程的重要性在于能够保障人的生命与财产安全。主要依靠设施产品本身的主要功能作用起到警示、预防保护的目的。像反光标志、防撞桶、警示柱、反光镜、减速垫等产品，其自身的夜间反光性能提高了驾驶员的辨认视读能力，从而能够远距离采取预防措施，有效避免事故的发生。同时，交通安全产品的本身还应具备与撞击主体（行驶中的车辆）形成相互保护减轻损坏的功能。近几年，交通安全产品由以前的铁、水泥制品更换为橡胶、塑胶等制品，大大降低了事故发生的财产损失。随着交通安全环境改造的呼声日益高涨，设施产品的市场需求量也必定加剧增长。要真正做到通过安装交通安全设施产品来预防事故保障安全，产品本身质量起到决定性作用。既要普及，又要优质。为此，赛康公司一开始就定位“舜康”SKY 系列交通安全产品以名牌的战略高度追求品质管理，所有流向市场的产品从工厂生产的原材料源头抓起，确保批量合格。要求与赛康公司合作生产的工厂必须具备标准化、规范化生产能力，产品能够得到国际行业的认可认证，定期检测合格率。

二、确保高效快捷的销售流通渠道，完善产品在流通环节中的服务品质。交通安全设施产品的最大化普及需求已经显而易见，但实际上这种需求还处于萌芽状态，产品的流通渠道还极不完善。一方面，交通安全领域的政府主导性质影响正常的市场竞争发展，不像民用产品的自觉自发行为促进市场快速的流通。另一方面，交通安全产品的运输、销售成本高也导致产品的市场价格过高，从而造成工程成本长期居高不下，形成供需制约矛盾。我们知道，今后交通安全环境要以长久、随机、增长的势态进行建设养护，才能满足道路通行的需要。在全国范围内要建成畅通的专业赛康品牌销售网络，让更多的新技术产品直观地面向市场，也让市场对产品形成直接的需求反馈。提高服务品质，促进普及率而达到公益性,提升交通安全产品的潜在附加值,这是对于赛康来说应做的社会贡献。为此,我们努力建设的以南京为营销总部、以省会城市为区域营销中心、以地级市为营销窗口的服务型销售网络已初见成效。

三、充分整合行业资源,与政府部门共同策划,参与到交通安全建设的大环境中。赛康公司从最初的反光膜经销贸易商走到今天的自主品牌运营商,借助品牌的无形资产拓展交通安全产品领域,最终走向事业化发展之路,是行业、社会的良好资源环境培育了我们。我们要寻找资源、利用资源、整合一体、融于其中。

道路交通安全是一项关系国计民生、任重道远的事业,相信在政治体制和行政体制改革不断深入的大环境中,在包括赛康在内的交通行业企业不断开拓创新精神的引导下,交通安全状况必将得到根本性的改善。

大品牌应予提供的安全感

近期,某知名美国品牌反光膜企业(以下简称 AL 公司)与行业内一知名企业(以下简称 SK 公司)因产生销售争议而对簿公堂。

大致情况是这样的:

2004 年 4 月,AL 公司前任中国区市场总监与 SK 公司总经理达成口头协议,由 SK 公司代理 AL 公司的产品在西北五省及河南省独家销售。双方随即展开了书面形式的合作条件谈判,AL 公司承诺了铺货支持、付款期限、返利结算、广告费用承担等条款并以不可变更电子邮件形式给 SK 公司备案。而 SK 公司也回应了相应的销售计划、销量承诺、结算方式等条款。在双方默许的情况下,为尽快将 AL 公司的产品推向市场,经得 AL 公司前任市场总监许可,SK 公司开始默许协议订货并销售。因当时该产品的市场价格极不稳定以及 AL 公司内部因素,双方迟迟未能签订正式合同,但为给予 SK 公司信誉保证,AL 公司于同期向 SK 公司出具了上述区域的《特约经销商证书》。SK 公司基于认为 AL 公司是一家国际知名品牌企业,不会言而无信,遂开始在授权区域内积极展开销售活动并完成销售任务。

就这样,双方在短期内促成了几百万元的成交额而没有一份正式合同。SK 公司在倾全力推广 AL 公司产品的同时,发现其产品的品质性能极不稳定,且有部分库存积压产品过期销售。在遇到一单涉及较大金额品质缺陷问题后,SK 公司随即书面通知 AL 公司予以解决,但迟迟没有明确答复。几乎同期,SK 公司接到 AL 公司通知,其前任市场总监被 AL 公司解除劳动关系。SK 公司接通知后一边要求 AL 公司维持原默许协议合作,一边继续要求 AL 公司尽快处理品质缺陷问题。尽管 AL 公司也派人前往 SK 公司协调,但因 AL 公司内部管理问题,一直解决未果。

紧接着,AL 公司提出 SK 公司应立即归还货款,SK 公司则以未签订正式合同为理由拒绝一次付清(因为原默许协议中 AL 公司应提供定额的铺货支持)。AL 公司即在不予沟通的情况下,对 SK 公司实行销售制约。方法是:一方面在上述企业内自行展开业务活动并实行销售;一方面要求 SK 公司后面的订货必须支付 1.5 倍现款以降低前面的货款额度。SK 公司苦于市场局面已经打开并要维持状态,只能任由 AL 公司强行实施方案。但 AL 公司相关人员也予以承诺,若原货款降低到新的月底额度后,可以解决原赔偿问题及继续给予信誉账期。SK 公司仍然听信了 AL 公司的口头承诺,保持业务往来。

2005 年初,在双方往来款项降低到接近新的额度后,SK 公司总经理亲赴 AL 公司所在地,希望商谈合作并签订合同,但因 AL 公司人员私事未果。同年 2 月,AL 公司开始以种种理由拒绝向 SK 公司供应产品,导致了 SK 公司苦心经营的市场无法维系。SK 公司也以拒不支付余款相制衡 AL 公司,期望 AL 公司能给予明确答复,维持合作。

在拖延了 5 个月之后的 2005 年 7 月,AL 公司一纸诉状要求 SK 公司付款。SK 公司也随即以 AL 公司在不做沟通的情况下,单方解除授权为由,回以应诉。

上述案例,AL 公司与 SK 公司之间既无正式合同,也无双方当事人签署的任何文件,且 AL 公司无法证明交易之间的货款是否全部被 SK 公司签收。SK 公司应诉应属情理之中。姑且不论双方胜诉可能性,但就 AL 公司作为国际性品牌企业而言,其种种行为如何给经销商以安全感、信誉度呢?

其一,AL 公司前任市场总监的不可变更邮件协议不能由后任人员继续保持,属 AL 公司内部问题造成,极大伤害了作为经销商的 SK 公司利益。

其二,AL 公司对 SK 公司的区域授权期还未终结,便单方面以种种理由停止供货,让人难以理解。

其三,AL 公司不能解决赔偿问题、返利问题、正常结算周期等,违约在先,才导致 SK 公司拖延货款。AL 公司应主动与 SK 公司沟通后予以解决。未行和谈便诉至公堂不属于正常的商业行为方式。

其四,SK 公司为 AL 公司进行了大量的销售活动,到头来品牌知名度打开之后,AL 公司却坐收渔翁之利,如何让后面的其他经销商信任 AL 公司的承诺?

其五,双方之间发生如此大的交易,却没有一份正式合同,说明 AL 公司的内部管理混乱,应首先自我整改,以取得 SK 公司的信任。

从这个案例中,我们可以看出管理与信任对一个品牌企业的重要性。据了解,AL 公司该反光膜项目产品自进入中国市场以来,销售一直不容乐观,回避许多诸如品质缺陷的问题,给终端客户造成了心理伤害。商业活动是一种信誉道德行为,言而无信者终将自吞苦果。

赛康公司作为行业内知名的品牌商,正是在恪守商业诚信的理念下发展壮大。在产品覆盖几乎整个行业,经销商网络覆盖全国的今天,我们一定要时刻保持清醒、保持信誉、强化管理以赢得广大客户对品牌的忠诚度。给别人一份安全感,别人才能给你以整个身心的回报,利益出自于信赖与信誉。相信赛康将一如既往地致力于最大化普及交通安全产品,致力于合作伙伴共同赢利。

(注:文中公司为化名,但事件真实,SK 公司实为赛康公司。该诉讼案后经上海市徐汇区法院调解,由美国 AL 公司承担全部诉讼费并赔偿损失,余款由 SK 公司分期偿还。该案当时总涉案金额 120 余万元,代理律师劝我公司停业拒绝偿还,我坚持以企业要永远做下去为理由正常应诉。)

第六章 作　茧

经过近两年的“最大化普及交通安全产品”经营,2005 年年底,公司的销售额有了新高和突破,在行业内已经形成规模化影响力。丰富多样、应有尽有的产品组合是竞争优势。直接产生的收效是,一些交通安全设施生产工厂主动上门希望产品能够由赛康贴牌销售。

连锁加盟经营模式的热潮,自 21 世纪初以来一直被创业者效仿和津津乐道。我也寄希望于通过连锁加盟，把赛康品牌做大做强。挖空心思，撰写并整理成了《赛康交通安全产品经营标准化》，开启了多城市开设交通安全产品加盟店之路。

摘录其中一段关于赛康品牌营销的文字：

交通安全产品既是交通工程材料中的一个细分，也是建筑工程材料的一个传统延伸，行业细分的同时产品面已经覆盖多达几百种。为促进细分行业的有序形成及健康发展，实施品牌战略，保障品质、服务、竞争、分工的优化，有着重要的意义。

舜康®、赛康 VR™，是赛康交通安全产品体系中的品牌代表。为统一形象识别，利于企业品牌策划，赛康 VR™最终被选为重点品牌，将为赛康的长期战略奠定品牌基础。

品牌是市场链分工中的角色决定者，有利于企业文化的积淀，形成优势效应而差异化竞争，具有强大的潜在生命力。把赛康交通安全产品建设成为强势品牌，团队体系成员将共同受益。

差异化优势主要表现在：

一、赛康品牌将成为经济市场对品质、服务、能力的充分认同而更加具备可信度，客户可以通过简单的外在辨别而购买产品，同等竞争条件下有优先选择性。

二、赛康品牌严格的区域市场规范保护经营，可以最大化保障不同市场情况下的利润空间，避免异地窜货、非同级别产品恶意报价带来的损失。在区域市场严密的营销策略下，统一一个品牌产品，控制其他产品的市场进入，可以真正自我保护付出与收益的长期稳定。

三、赛康品牌在统一的经营体系下，各项生产、销售、服务的管理成本也实现了集中统一，无须体系成员再耗费资金，成本无疑会有效降低，将具备综合性价比优势。

四、赛康品牌最终成为一个强大的内部组织体系，可以实现内部成员间的自产自销、资源共享。家庭关系大力保证内部成员生产、采购、销售的渠道畅通。

五、赛康品牌代表的是一个行业体系，可以允许与本行业单一产品强势品牌进行联合,抢占先机获得便捷的渠道优势利润。尤其对于高新技术新产品,可以长期领先一步获得首次市场机会。

赛康品牌的差异化优势已经显而易见,如何真正地做好品牌营销与维护工作呢?

一是要严格按照赛康企业 CIS 识别系统方案进行展厅装修及办公区域布置,品牌标识醒目、统一。

二是要杜绝杂牌、三无产品代替赛康品牌产品向市场销售。宁可失去一次生意,但不可破坏一点品牌信誉。

三是在市场营销中,赛康品牌产品的销售工作必须坚持以下原则:做推广而不是做推销,做方案而不是做产品,做信誉而不是做价格,做文化而不是说废话,做礼仪而不是请吃喝,反对商业贿赂争取公平竞争。

四是服务标准规范。无论售前、售中、售后,都要以专业敬业尊重的态度服务每一个客户。品牌为我们创造客户机会,客户为我们创造利润机会,利润为我们创造发展,所以服务至高无上,要贯穿到每一个细节工作。

在多年的品牌经营过程中,结合其他行业品牌营销的成功经验,赛康企业为自己的品牌度身定做了一系列的品牌营销方案。

品牌团队建设是实现品牌成功营销的保障。在交通安全产品行业,由于行业起步较晚,诸多工程商与终端客户的品牌价值观念还处于淡薄意识期,但这并不代表最终的品牌价值不被接受。经营品牌就是要让更多的人认同“品牌是一种承诺”的经营理念,这种承诺是有价值的。品牌经营要对接受品牌价值的群体产生亲和力,对崇拜品牌价值的群体产生威信力,对不理解品牌价值的群体产生感染力。品牌价值不是纸上谈兵,而是要靠品牌经营者以实际的理念与兑现承诺的行为向大众传播,组建以团队共同经营理念为核心的人才队伍非常重要。赛康品牌的价值理念是“知道,说到,做到,给予承诺”。

品牌传播途径宽广可以使品牌知名度扩大。基于本行业的受众群体相对较小,品牌传播是一件需要随时随地通过不同层面去实现的琐事。在产品方面,小到一块标志牌,大到一台机械设备,包装、商标铭牌、使用说明书都要清晰规范,给使用者提供便捷的服务可能性。在行动方面,无论是施工人员或办公职员,服装、车辆、操作规程都要统一有序，给品牌的直接接触者以感观上的舒适。在宣传方面，要把公司的文化内容、产品资料、企业名号在最容易让所有人群发现识别而且成本低廉的场所展现，赛康的品牌展示厅选址要慎重。拓宽品牌的传播途径，通过时间的积累可以让有限的受众群体有更多的机会接触赛康品牌。品牌不可能在一天的时间里找到所有真正的需求者，但可以争取让真正的需求者在第一时间想到品牌。

品牌交流活动是创造产品销售机会的重要手段。品牌经营者与客户之间，就像亲友关系，缺少聚会往来会使得亲密感降低，而增加互访活动可以使陌生人成为知己。没有了活动的营销就是生硬的抢夺市场，在有限范围的交通安全产品行业会让客户产生逆反情绪，不利于销售。最适用的品牌交流活动是客户研讨会或者新产品发布会，也可以是参加大型展览会。赛康企业具有品牌发布研讨会的成熟经验，而且取得了一定的效应，便于快速地付诸实施。

2006—2007 年两年时间里，除原有南京、郑州自营店之外，又新开设自营店的城市有：济南、沈阳、南昌、武汉、合肥。以统一供货、统一招牌形式开设加盟店的城市有：兰州、南宁、烟台、平凉、新余、乐山、赣州、宜春、东营等。

在过快的市场投资与扩张过程中，很多问题早早地就已经暴露，但我仍然沉浸在把赛康品牌做大做强的追求中，没日没夜地投身于工作。持续性地超过 16 个小时高负荷工作，习以为常。几乎日日为入不敷出的现金流而东挪西借或刷空信用卡，又夜夜梦寐以求情况能够好转。

总结一些当时的负面情况如下。

首先是自营店的表现：收回的货款不及时上交，偿还不上就一走了之；订单中现金交易利润又大的，占用应交公司的货款出去炒货然后利润归为己有；订单中既欠账价格又低的，报给公司争取没有功劳也有苦劳的业绩奖金；男女员工间绯闻不断；有故意拿低工资来工作，学习一个阶段就出去单干的；也有三五结盟，销售陆续先走、采购断后再走，不挖空公司墙脚不罢休的。

其次是加盟店的表现：简单装修获得一批免费样品，随意摆放布满灰尘；挂着羊头卖着狗肉，打着赛康的招牌从其他渠道采购低价劣质产品；永远结不清延期货款。

更有甚者，穿着制服的“工商人员”带着大盖帽冲进门店或仓库，不问青红皂白强行扣押存货、开具罚单。南昌的一次，说是有人举报公司的产品包装上的商标印刷违反了商标法。沈阳的两次，理由是仓库货物被人举报来路不明、不正当经营。认罚，赎回存货是对自己的最大安慰。

苦水咽在自己的肚子里，同行眼里看到的却是旗帜招展、风光无限。很多城市出现了同类的交通安全设施门面，更多的是前店后厂。相比之下，赛康的竞争力渐渐处于下风。

大趋势之下，还是会创造出一些特有的机会，获得一些启发性的思考。

承担解放军总后勤部军车监理装备研究的课题组，邀请公司参与全过程产品开发，结题时有二十多种新产品以赛康制造的名义被列入装备采购目录。该项目最终只是获得了小量的示范应用订单，但令我和公司对于课题研究和产品开发方面，有了新的理解和认知。

公司获得了部分省市高速公路市场多次百万元级交通安全设施供应的订单，从生产外包到项目管理，从技术研判到服务保障，都是多方资源整合的结果。

2007 年 5 月 18 日深夜，公司率先推广应用的一种“柔吸式”隔离水马，在南京市大桥南路上保住了一起碰撞事故的三条性命，被《扬子晚报》报道（图 1）。这个事件对公司而言无疑是一种荣誉，更加坚定了通过理念与技术创新解决交通安全问题的决心。

2007 年下半年，公司从施工单位手里接到了南京市新模范马路全线的太阳能 LED 车道指示标志供应订单，整条路安装新型的光学交通标志，当时这在国内非常罕见。杭州的一家专业工厂外包生产了这批产品，垫资完成了全部工程。由于缺乏对产品质量性能的理解和把关，故障频繁。而对于赛康来说，这是南京亮面子的工程，绝对不能含糊，不惜成本也要维护好。为此，特意招聘了一个在电子厂工作过的工人，一边维修一边琢磨太阳能电子产品的生产。那年的农历腊月二十八，生产厂家派来的小伙子顶风冒雪排除了一个严重故障。交谈中，我了解到他只是一个钣金学徒工，身上只有几十元钱坐车回淮北老家过年。出于曾经贫穷打工的切身体会，怜悯之心促使我给了他 300 块钱回家过年。小伙子过完春节就主动找到我，要求到赛康工作。一个招来搞维修的一知半解电子工，一个学徒中的钣金工，后来成了赛康从贸易向制造业转型的人才起点，至今那个电子工了还在工厂担任技术骨干。

南京城事

复建琉璃塔确保"明朝味"

"水桶"隔离墩救了三条命

"水桶"隔离墩救了三条命

昨一起车祸有惊无险，新型隔离墩有望全市推广

本报讯 近日，经过大桥南路高架的司机会发现，在高架桥水泥隔离墩的前面，又多了一排塑料桶。这是做什么用的呢？原来，这是交警六大队安装的一种新型软体隔离墩，里面装的全是水，能够有效吸收碰撞能量。昨天凌晨，这种新型隔离墩发挥了作用，在一起车祸中挽救了一车三人的性命。

昨天凌晨0:45左右，司机孟师傅开着依维柯，带着两个单位的同事，由北向南过了长江大桥，上了大桥南路高架以后，孟师傅看车子比较少，速度就提到了七八十迈，想把同事赶紧送回新街口。没想到，从对面过来的车子开着大灯，晃得孟师傅一阵眼花，等他眼睛恢复过来，车子已经奔着隔离墩去了，孟师傅"哎呀"喊了一声，心想这下完蛋了。随后，就是"轰"的一声巨响，车子侧翻在地。

撞击的一刹那，孟师傅就明显感到撞击力不像他想像的那么强，不是那种硬碰硬的感觉。车子翻倒后，孟师傅和同事也没有受伤，而是很快从车子里爬了出来。出来之后，孟师傅仔细检查了一下车子，发现车子也没有坏得太厉害。昨天上午，孟师傅到交警六大队处理事故时才知道，原来是这种注满水的隔离墩帮了大忙，他们才捡回了一条命，要是撞上普通水泥墩，后果不堪设想。

交警六大队陈兴民副大队长告诉记者，这种隔离墩放在中心黄实线上，里面加满了水，可以有效吸收和分散瞬间的撞击力。这起车祸也证明，这种新型的隔离墩对保障车祸撞击，减少事故人员伤亡还是有效的。交管部门表示，这种新型软体隔离墩再经过一段时间试用，有可能在南京市其他一些高架、[illegible]的地段推广使用。（罗双江）

图1 隔离水马相关报道

还要着重介绍一项业务，就是停车场交通设施工程。这个业务归功于赛康在南京有一个夺人眼球的店面。随着城市建设发展，各种停车场对交通标志标线、减速防撞设施形成了新的需求。面对找上门的业务，我专门组建了一个团队，提供设计、生产、安装一条龙服务。交通标志加工，就是从那个时期开始的，只是非常简单地租了民房，置办了非常简单的设备，配备了一窍不通的人员，照葫芦画瓢而已。低门槛的业务，发展起来容易，竞争起来也更残酷。不久之后在南京就出现了很多的能吃苦的夫妻店，挣的比给别人打工工资多就能接停车场工程。赛康的经营模式和用人成本压根就不能与夫妻店去拼抢。停车场业务后来终止了,但是做交通设施工程和交通标志加工的团队基本培养成型了。一个15岁就到公司加工停车场标志牌的小伙子,直到今天已成为不可多得的标志制造高级技工。

再多的机遇也抵不过全国连锁经营模式的消耗杀伤力,整个2008年下半年,一个接着一个门店强行关闭,加盟商终止,销售团队解散殆尽。开店的时候,置办什么都要真金白银。关门的时候,撤下的什么都是破旧废物一堆。

公安部推行货运车辆车身反光标识,赛康公司作为早期的反光膜品牌代表,有幸全过程参加了标准制修订工作。2008年第四季度,公安部公告的第一批通过3C认证的车身反光标识合格供应商,南京赛康交通实业有限公司占据14家企业中一席。对于这种千载难逢的良机,公司又处于经营最困难的时刻,我集中全公司的力量在南京开展“亮起来,更安全”活动。活动主要是配合各个交警大队,在适合的路边设点现场为货车服务。那期间公司员工凌晨五点就要到公司集合,分布到各个销售点,晚上天黑才收工回来,非常辛苦。然而,自己不生产、贴牌、缺乏多方竞争力,如同反光膜业务的命运一样,产品在向全国市场推广的过程中不堪一击。获得的是名气,寒心的是勤劳不致富。

同样是2008年下半年,我咬着牙关、背着债务在家乡农村的一个镇上启动工厂建设。真正要扎根,我感觉到需要实业,需要拥有自己的真正核心竞争力,需要掌握市场话语权。

从发起加盟,到全部关门,历时两年多。2008年年末的时候,资不抵债300多万元。在那种情况下,保持诚信与坦诚更加重要。我邀请欠款较多的三个供应商做了一次长谈,给出未来计划,获得了他们的谅解。

必要的掩饰也是要有的,春节之前,员工仍然领到了红包,厂房建设的资金足额正常付清,各个小供应商的货款全部结清,家人期待的旅游如约而至,对有困难的亲戚朋友我仍坦然慷慨资助。

世间凡失败事,亲者痛仇者快,旁观者清当局者迷。又有俗语说,失败是成功之母,失败是一种财富。倘若,失败只是一种铺垫,是否可以定义为打基础呢?何况,希望还是有的,赛康品牌的知名度、美誉度、信誉度还是有的,只是需要去树立更加清晰的目标、做更加正确的事情罢了。

第七章 破 茧

瘦身。瘦身之后仍然留在团队的员工,对赛康在道路交通安全这个行业还抱有十足的信心,通过与很多员工谈话可以知道,他们也相信我能够做好。另一方面,对员工们来说,毕竟收入没有因为经营的亏损而减少,该加薪还是给加的。

经济社会大环境转好。在经历了2008年金融危机之后,各种支持科技创新的政策被政府部门如火如荼地宣传。曾经卖不掉货的那些国产品牌反光膜工厂,已经快速成长为大规模科技创新企业,产品变成了不愁卖。贴牌形式合作中的一些塑料、橡胶类交通设施工厂,也都在添加设备、新建厂房,它们的财富在显著增加。要继续在交通安全领域发展,赛康公司同样需要借力发挥和学人所长,走出一条科技创新+实体生产的路子。

思考再三,综合已经实施过工程的太阳能LED标志等产品的优势,也结合公司人力资源现状,在传统交通标志加工和新型交通标志研发上起步,是最容易实现"破茧"的。我又咨询了交通运输部公路科学研究院交通安全设施研究方面的权威专家,得到了肯定的答复,LED应用于交通标志属于主动发光技术,属于主动预防道路交通事故,应当得到推广应用。而且,据他说,国际上都是要在交通标志上增加主动照明的。他还给出了肯定的鼓励,已经修编完成、即将颁布实施的最新强制性国家标准,会明确交通标志的光学形式包括主动发光式。他认为,赛康公司完全可以大胆地去研究、申报国家开放科研课题,用高端装备制造出一流的产品,直至带动整个交通安全设施制造业转型升级。

2009年初,我做出决定,两条腿走路:一条腿立足主动发光技术的全系列产品研发和创新,最终做出国家标准和高端品质产品。另一条腿立足南京本土市场做交通设施工程,同时在主动发光交通标志推广应用上借力把南京市场做透做强。其实,这两条腿也是鱼和水的关系,前者是鱼、后者是水,产品是鱼、市场是水,创新是鱼、资金是水,水能养鱼、鱼能活水。

当年第一季度会议之后，我在博客上写下一个短篇思考《积极和极端》：

积极和极端，这两个词语运用到商业合作中，可以悟出两个不同的境界。

地球的两极，尽管都是寒冷的极致，然而南极与北极生存的物种却不尽相同。

商业的两极，理解为可以积极合作，亦可以极端相向。积极可以架起沟通合作的桥梁，适宜长久共存；极端可以毁掉诚信的基石，适宜唯我独尊。积极者，众星捧月，是为大；极端者，孤芳自赏，是为大。

第一季度会议上，我宣布了赛康已经在朝着一个正确方向阔步走去，我们已经甩掉了过去一切因为不成熟而快速成长中积累的包袱。在今后的里程中，我们无论面对政府、供应商、客户、员工，都当以“积极”为赛康的心态、理念、方向，倘若如此，我们就能长久地在积极的境界中生存。禁止搞极端主义，无论我们遇到了什么样的坎坷和挫折，极端只能使我们“升上天堂”或“跌入地狱”，那是仙魔的境界，不宜生存。

赛康走上了发展的正轨，春天的我信心倍增，谨以下面两句铭志：碎语闲言风来雨去落花流水本无情；身体力行云消雾散众星捧月存道义。

第一条腿，研发和创新，迈得最艰难，耗费的成本最大。这里不做过多描述，仅说说开头的场景。在此之前，赛康是一家彻头彻尾的贸易公司，几乎没有员工在制造业工作过，包括我本人在内的几个核心员工也是对相关技术研发与机械设备处于无知或一知半解状态。最初为了节约成本和防止浪费，机械设备只敢去二手调剂市场购买老旧淘汰的，员工只能招到略懂点技术的相关技工，而后根据发展需求做出迅速反应与变化。

第二条腿，主攻南京市场，进行得比较顺利，是因为之前有过业务铺垫。那是2007年的腊月二十七，我正在济南参加一场关于汽车牌照管理的重要会议，那时将反光膜销售给汽车牌照厂也是重要业务。这时我接到来自南京的一位交警业务科长电话，因为他经常路过赛康公司的店面，印象中我们销售塑料防撞桶。这位业务科长新上任不久，局长要求在年三十之前安装到位300个防撞桶。按照他掌握的供货渠道和施工单位，在几乎无法完成任务的情况下，寄希望于我。

恰好,经电话询问宁波的供应商有存货。没有多想,以保证完成任务的表态接下了那位业务科长的任务。之后风、雨、雪交加的几十个小时里,我亲自带队,在所有的防撞桶里填满细沙,保质保量完成了供货与安装。干完活已经是大年三十的下午,我一身泥水、满心疲惫地带领员工回家过年。由于这笔业务不符合南京交警的采购业务流程,也没有任何合同或手续,完工之后长期不能收到货款。一直拖到下一任负责的业务科长上任,补充手续,两年多后才得以结算。

到南京整整四年,我才有了第一次接触到交通主管部门的机会。之前,邮寄资料石沉大海,电话咨询被果断回绝,登门拜访被拒之门外。有了第一次,就有第二次的可能,万事开头难。

根据既定目标和已有的业务铺垫,通过公开投标,赛康公司成为南京市公安局交通管理局的交通设施常年维护单位。当年 9 月,新市长上任,要求 15 天内完成"二中路"(中山东路与汉中路)改造。国庆节后,又要求 20 天内完成"三中路"(中央路、中山路与中山南路)改造。这些道路涉及交通设施的改造设计、拆除、安装,工期紧、任务重、情况复杂,所有参与道路改造的单位都是一把手现场同步工作,是必须啃下的硬骨头。不知用脚步度量了那些道路多少个来回,夏秋交替中忽一天烈日高温、忽一天冷风凄雨,我带着工人 24 小时扑在道路施工现场。工期最紧的时候,在大雨中哆嗦着但是依靠着个东西也就能睡着。虽然艰苦,但两个项目工程下来,却扎扎实实地打造出了一支精炼的、让业主信赖的队伍。最重要的是,工厂第一次批量制造出的 200 多套主动发光标志,应用在了南京市的核心区域。

负重而仓促的转型,也会遇到重重困难。在实施"二中路"工程项目中,一位管理层员工亲自驾驶金杯面包车往返工厂与工地,在回工厂的农村公路上与迎面的中巴客车相撞。这起事故导致我方驾驶员重伤,对方驾驶员死亡和 18 人受伤,且我方负主要责任,保险之外承担了较多赔偿。这是我自创业以来经历的第三次严重交通事故,也让我对从事道路交通安全管理工作的重要性有了更为深刻的理解。

祸不单行,在交通事故发生之后的三个月里,又另外连续发生了 5 起导致人员重伤的施工现场事故！

工厂投产要资金，研发创新要资金，工程垫资要资金，事故赔偿要资金，日常经营要资金，钱、钱、钱，很多个日子里压抑着，去品尝苦咖啡、把头深深地埋进咖啡馆的沙发里去缓解。更多的日子里，还要用笑脸去面对一切。

在资金紧缺中，公司委托第三方管理咨询进驻企业，开展了全方位咨询与培训。

成功转型的标志性喜庆事件，发生在2009年8月18日，全国各地近200位贵宾受邀参加了滁州赛康交通科技有限公司的新厂落成庆典。那天，我也将撰写的《走出一条自己的路》赠阅各位贵宾。

那一程筚路蓝缕，下一程仍在砥砺前行……

第八章 胸 怀

无论是“企业”还是“营销”，这样的热门关键词都是伴随着改革开放才走进我们的世界。企业的营销就是过去老祖宗做生意开百年老店的学问，能开成百年老店，那定是相当受人敬重和自我开明。

开百年老店，做百年企业，这应当是自古至今生意人共同的目标，这样的目标也很合情理很实际。

为什么是一百年，而不是一千年或者一万年？这也与近年来的一个叫作“代沟”的热门词有关。一百年是一个世纪，一百年的人生可以有五代同堂，一百年足以让一个王朝风云变幻。如果过了一百年，我们的人生几近灰飞烟灭，即便不死还有肉身，已然是精神思想的灰飞烟灭。更何况，企业是人做的，企业受王朝政治的左右，过了一百年，我们的企业大多恍如隔世。

为什么是一百年，而不是三五年或者三五十年？这要从我们常挂在嘴边的“文化”谈起。组成企业环境的三要素是人、事、物，一个人直至一群人产生共鸣乃至精神同化，一件小事、件件大事形成风格造就风气，产品内在品质、外在生命日积月累，共同沉淀的结果才是文化。企业当然需要文化的支撑和文化的证明才能显示出价值，不用个上百年的时间，恐怕难以定论罢。

做成一百年的企业，就要有一百年的营销胸怀。下面的观点希望能够引起我们企业人、营销人的自省。

观点一：买卖双方的博弈，是永远也下不完的一盘棋，而不是朝夕就能下完的一盘棋，更不是举子落下的一步棋。

我们知道，做企业，一边买进，一边卖出。当我们作为卖方的时候，我们的需求是获取销售额，为了销售额，我们无处不在、时时刻刻地希望客户能够买我们的产品或服务。当我们作为买方的时候，受限于我们希望花钱买到的产品最大使用价值，以及产品的实际使用寿命和周期，我们的需求要在更换产品或极少的因素来临时才会产生，买方的需求并不是无处不在、时时刻刻都有的。要想做好销售，就要能够让某个买方需求产生的时刻能够联想到某个卖方。如果某个卖方整天去推销自己的产品给某个买方，显然是要被讨厌的，至少经常会因为买方没有需求无功而返。这样看来，营销是一个长期的过程，也是一个复杂的过程，更是一个系统的过程，是一项如何能够让买方需求产品时联想到卖方的重大工程。在这一个观点上，很多企业缺乏清醒的认识，为了追求销售额，一味地压着员工去推销，或者大量地做广告，或者一而再，再而三地降价促销。我们经常坐在理发店就听到推销美发卡的声音，三天两头收到培训公司的所谓友情短信息，开个车子都会被广告牌妨碍视线，某某商场某某商品又打折的呐喊声震耳欲聋，都属于此类例证。当昙花一现的销售额落下之时，才发现原来最终的赢家是那些苦练硬功夫的隐形冠军，落得个不可思议。假设我们用一百年的胸怀去做营销，我们还需要大量的人力去软磨硬缠我们的客户吗？

观点二：品牌价值的渗透，是四季雨露，要在无声无息间润进市场和客户的心田，狂风暴雨能够顷刻间浇灌，难免会有过之之嫌。

做营销最大的成功是让客户（尤其是终端使用者，客户有很多种，但终端使用者才是支持营销成功的真正买方）接受企业的品牌。品牌说到底就是一种信任，信任可以带给买家放心。在我看过的一本《品牌核变》书中，提到品牌延伸这一概念，说的就是当企业的品牌被市场接受后，你可以用同一个品牌去经营更多的产品。统一企业卖方便面把“康师傅”这个品牌做出信任度了，然后矿泉水、牛奶等饮料都打上康师傅这个品牌，很迅速地就会容易被市场认可，不需要再去花费大量的精力做前期的品牌培养工作。试想想，我们很多企业为什么有好产品，但是就是卖不出好价钱、做不出好份额，那是因为你的产品再好，你说得再好，然而产品（包括你的产品的竞争者，同类产品）没有经历过长期的买家使用检阅，更没有一个让买家信任的品牌符号。我们经常听到的行业成熟度也是这个概念，企业在一个行业领域，必须要经历行业由新生到杂乱再到成熟这一个过程。农民种植农作物有大年（丰收）或小年（歉收）之说，做企业也一样有大年和小年，就看企业的经营理念和坚持了。行业成熟了，被信任的品牌也就注定会年年大年。这样看来，营销如果没有品牌长期战略经营理念的支撑，那也只能昙花一现。今天的营销时代，已经彻底地进入了后业务员时代，企业派到市场的代表更多代表的是专业和服务，我们是否做到了呢？

观点三：营销价值的体现，是客户价值的供给，营销应当能够给客户带去价值，卖产品赚钱不是错误，如果卖产品没有给客户提供价值那就是绝对的错误。

从直观上看，好产品会给客户带去易用、耐用的价值，一般的产品会给客户带去可用、节省的价值，无论是什么样的产品，直观上总是有它的价值。但从营销的角度去讲就不一样了，我们是要做一百年的企业，一百年的企业需要有一百年的行业市场，一百年的行业市场需要有一百年的买方即客户支撑。假设我们只想着我们做一百年，而我们的客户大多在三五年或三五十年都关门了，没有了行业平台，我们再想也是空想。所以，营销不仅仅是在帮助自己，同样要帮助客户，帮助经销商型客户在某一个特定的行业领域长足发展，帮助使用型客户习惯于让某一个产品成为生活中的幸福。营销是一门深层次的学问，表象是产品的好坏之分，是卖产品；中像是品牌的好坏之分，是卖品牌；深像是营销的价值理念，是卖理念。营销代表到客户的门上去，如果能够从客户深层的需求上去挖掘，通过自己的产品和服务诉求理念，给客户带去可持续发展或可幸福预期的理念，客户获取了价值，也就会成为你忠实的朋友。经常听到一些营销代表抱怨经销商型客户不能接受企业的产品和服务，说出一大堆自己所处企业的不是。却不思考，客户为什么不能接受呢？客户不能接受的难言之隐在哪里呢？客户的真正困难在哪里呢？我们其实应该站在客户的角度想问题，把客户的经营状况了解透彻，如果我是客户，我该怎么办。能够这样去想，再去用自己的理念帮助客户，营销还会难吗？

此时,我想到上海浦东陆家嘴的一块碑,大概是邓公的意思:发展是硬道理,坚持一百年不动摇。

坚持就是胜利。

坚持真理会赢得胜利,倘若不是真理则趁早放弃。

企业是全方位的,要想得到成功,也需要坚持,更需要正确的坚持,而正确的坚持是一种大度和大智慧的胸怀,要向一百年的目标看去。